행복한 초등생활을 위한
인기 유튜버 초등교사 안쌤의 무료 강의

저자 무료강의
You Tube
초등교사안쌤TV

KB101328

- 유튜브에서 '초등교사 안쌤'을 검색하거나 QR코드를 스캔하면 무료로 강의를 들을 수 있습니다.
- 다음은 초등교사안쌤TV에서 들을 수 있는 강의 내용입니다.

강의 제목	주제
공부 및 학습방법 안내	• 학생들이 공부를 잘하기 위해 필요한 태도, 습관 안내 • 과목별 공부 방법, 교과서 공부 방법, 노트 정리 방법 등 실제적인 학습법 안내
상위 1% 학부모 되기	• 부모님의 성장을 위한 영상 안내 • 학교생활, 가정생활에서 부모님들께 전하고 싶은 내용
상위 1% 자녀교육	• 우리 아이, 자녀교육에 대한 영상 안내 • 학교생활, 가정생활에서 아이들과 부모님 모두에게 전하고 싶은 내용
독서교육 및 방법 안내	• 독서교육 방법 및 책 고르는 방법 • 함께 읽으면 좋을만한 도서 리뷰 안내
교육소식 및 뉴스 안내	• 국가교육 방향, 정책에서부터 교육과정 변화 등 뉴스나 이슈 안내 • 기초학력진단평가, 학업성취도평가 등 각종 시험에 대한 안내
학교와 교사에 대한 안내	• 학부모 상담, 공개수업, 학부모 총회 등 각종 학교 행사에 대한 안내 • 반 편성, 담임 편성, 자리 바꾸기 등 학교에서 궁금할만한 원리 안내 • 사람들이 궁금해하는 교사의 생각
기념일 및 역사공부	• 각 기념일마다 필요한 기본 상식을 배우며 역사 공부하기
배경지식 확장 및 개념 안내	• 학습의 기본 바탕이 되는 배경지식을 확장시킬 수 있는 영상

쌤이랑 초등수학 분수잡기 3학년

공부한 후에는 꼭 공부한 날짜를 적어보세요.
수학은 하루도 빠짐없이 꾸준히 공부할 때 실력이 쑥쑥 오른답니다.

3학년 1학기 분수편		
DAY	**학습 주제**	**공부한 날짜**
DAY 01	똑같이 나누기	( )월 ( )일
DAY 02	분수 이해하기	( )월 ( )일
DAY 03	분모가 같은 분수의 크기 비교	( )월 ( )일
DAY 04	단위분수	( )월 ( )일
DAY 05	단위분수의 크기 비교	( )월 ( )일
DAY 06	크기가 같은 분수	( )월 ( )일
DAY 07	단원 총정리	( )월 ( )일

3학년 2학기 분수편		
DAY	**학습 주제**	**공부한 날짜**
DAY 08	부분과 전체의 양을 비교하여 나타내기	( )월 ( )일
DAY 09	분수만큼은 전체의 얼마인지 알아보기(1)	( )월 ( )일
DAY 10	분수만큼은 전체의 얼마인지 알아보기(2)	( )월 ( )일
DAY 11	진분수, 가분수, 자연수	( )월 ( )일
DAY 12	대분수	( )월 ( )일
DAY 13	대분수를 가분수로 나타내기	( )월 ( )일
DAY 14	가분수를 대분수로 나타내기	( )월 ( )일
DAY 15	분모가 같은 분수의 크기 비교	( )월 ( )일
DAY 16	단원 총정리	( )월 ( )일

쌤이랑
초등수학
분수잡기

3 학년

**쌤이랑
초등수학
분수잡기**
3학년

1판 1쇄 2022년 7월 20일

지은이 안상현
펴낸이 유인생
마케팅 박성하·이수열
디자인 NAMIJIN DESIGN
편집·조판 진기획
펴낸곳 (주) 쏠티북스
주소 (121-839) 서울시 마포구 양화로 7길 20 (서교동, 남경빌딩 2층)
대표전화 070-8615-7800
팩스 02-322-7732
이메일 saltybooks@naver.com
출판등록 제313-2009-140호

ISBN 979-11-88005-97-0

현직 초등교사 안쌤이랑 공부하면 '분수가 쉬워요!'

쌤이랑 초등수학 분수잡기

저자 무료강의
You Tube
초등교사안쌤TV

3 학년

안상현 지음 | 고희권 기획

쏠티북스

 초등분수가 왜 중요한가?

안녕하세요. 초등교사 안쌤입니다.

수학 공부 어떻게 하고 있으신가요?

많은 가정에서 단순 연산 위주로 진행하고 있으실 것이라 예상됩니다. 그만큼 초등수학에 있어 '수'라는 것이 중심이 될 수밖에 없다는 사실은 우리 모두가 알고 있습니다. 모든 영역에서 결국 '수'와 '연산'을 이용하게 되니까요.

그래서 어릴 때부터 각 가정에서는 학습지, 문제집 풀기 등으로 무수히 많은 계산을 연습합니다. 자연스럽게 1, 2학년 수학에서 중심이 되는 덧셈과 뺄셈, 그리고 나아가 곱셈까지는 아이들이 큰 어려움 없이 잘 터득합니다. 더 많은 노력과 연습을 한 학생은 자연스럽게 암산의 과정으로 넘어가기도 하지만 누군가는 연필을 이용하여 계산하고, 또 누군가는 손가락의 도움이 필요한 학생도 있습니다.

그러나 3, 4학년부터는 한 단계 올라가게 됩니다. 1, 2학년 때는 실생활에서 (숫자, 시간 등등) 자주 듣고 사용하여 친근한 내용들을 배웠다면 3, 4학년부터는 본격적인 수학적인 개념들도 종종 등장합니다. 즉, 단순 암기만으로 접근하기 어려운 개념도 등장하고, 원리나 과정을 이해해야 하는 과정이 필요합니다. 그중에서 대표적인 개념이 바로 '분수' 그리고 '소수'입니다. 1, 2학년에서 배웠던 자연수의 개념에서 벗어나기 때문에 여기서부터 수에 대한 개념을 바로잡지 못한 아이들은 혼란스러워하고 수학을 어려워하게 됩니다. 이런 상태의 아이 문제 상황을 제대로 파악하지 못하고 결국 3, 4학년에서 분수를 제대로 잡아주지 못한다면 5, 6학년 수와 연산 부분을 포함하여 이 분수를 이용한 다른 영역들에서도 결손이 생기는 것입니다. 지속적으로 학습 결손이 쌓이다 보면 학업 격차로까지 이어지는 문제가 발생하고, 무엇보다 아이 스스로 수학을 멀리하게 되는 최악의 상황이 올 수 있습니다. 흔히 말하는 '수포자(수학 포기자)'의 시작이 초등학교 3, 4학년 시기가 될 수도 있다는 점입니다.

이제 분수가 시작되는 3, 4학년 시기, 저와 함께 정확하게 이해하고 넘어가시기 바랍니다.

초등분수의 학년별 학습내용

분수는 어렵기 때문에 3학년부터 6학년까지 조금씩 수준을 높여가면서 배웁니다.

기초 개념과 원리부터 정확하게 이해하고 많은 계산 연습을 해야만 실력이 향상됩니다.

학년	학기	단원명	학습내용
3학년	1학기	분수와 소수	• 생활 속 분수 알기 • 분수, 단위분수 알기 • 단위분수의 크기 알기
	2학기	분수	• 전체의 부분을 분수로 나타내기 • 가분수와 대분수 알아보기 • (분모가 같은) 분수의 크기 비교
4학년	1학기	X	
	2학기	분수의 덧셈과 뺄셈	• (분모가 같은) 진분수의 덧셈·뺄셈 • (분모가 같은) 대분수의 덧셈·뺄셈 • (자연수)-(분수) 계산하기
5학년	1학기	약수와 배수 약분과 통분 분수의 덧셈과 뺄셈	• 약수와 배수, 최대공약수와 최소공배수 • 크기가 같은 분수 • 약분과 기약분수, 통분 • (분모가 다른) 분수의 크기 비교 • 다양한 방법으로 분수의 덧셈·뺄셈 계산하기
	2학기	분수의 곱셈	• 분수와 자연수의 곱셈 • 진분수와 진분수의 곱셈 • 세 분수의 곱셈
6학년	1학기	분수의 나눗셈	• (자연수)÷(자연수)의 몫을 분수로 나타내기 • (진분수)÷(자연수), (분수)÷(자연수)
	2학기	분수의 나눗셈	• (분모가 같은) 분수의 나눗셈 • (분모가 다른) 분수의 나눗셈 • (자연수)÷(분수), (가분수)÷(대분수) • 나눗셈을 곱셈으로 바꾸기

5학년 1학기 때 배우는 약수와 배수, 약분과 통분은 아주 중요한 내용입니다.

분수를 다루는데 꼭 필요한 내용이므로 분수와 함께 다룹니다.

이 두 내용은 중학교, 고등학교 수학에서도 아주 많이 사용됩니다.

안쌤과 단계별로 공부하면 '분수가 쉬워요!'

1단계

개념이해 + 바로! 확인문제

수학을 잘하려면 개념을 정확히 알고 기억해야 합니다.

이해가 될 때까지 여러 번 읽으세요. 그다음에 '바로! 확인 문제'를 풀면서 개념을 다시 한번 정확히 이해하세요.

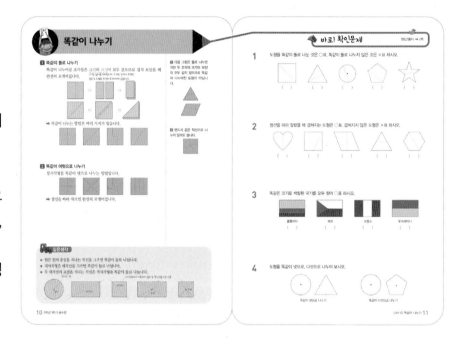

2단계

기본문제 – 배운 개념 적용하기

개념을 정확히 이해하면 쉽게 풀 수 있는 문제입니다.

문제가 잘 풀리지 않으면 꼭 1단계 개념을 다시 확인하고 와서 푸세요.

틀린 문제는 꼭 체크해 놓고 다시 한번 풀어보세요.

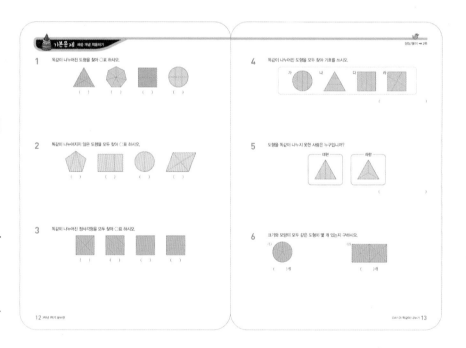

3단계

발전문제 – 배운 개념 응용하기

문제 수준이 좀 더 높아졌어요.

생각하고 또 생각하면 어려운

문제도 풀 수 있는 힘을 기를 수

있습니다.

서술형 문제도 있습니다.

풀이 과정을 꼼꼼히 써보세요.

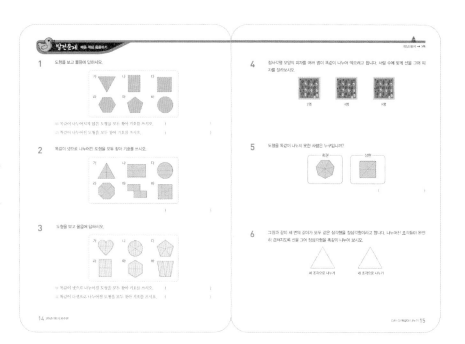

4단계

단원 총정리 / 단원평가문제

지금까지 배운 내용을 다시 한

번 정리하고 실수 없이 계산을

할 수 있도록 복습 문제를 많이

실었습니다.

안 풀리는 문제가 있다면 1단계

로 다시 돌아가 힌트를 얻고 다

시 푸세요.

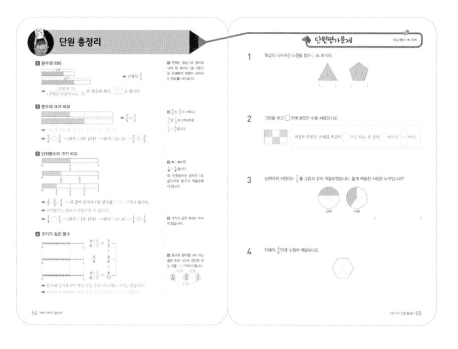

 **차례**

3학년 1학기 분수편

DAY 01	똑같이 나누기	10
DAY 02	분수 이해하기	16
DAY 03	분모가 같은 분수의 크기 비교	22
DAY 04	단위분수	30
DAY 05	단위분수의 크기 비교	38
DAY 06	크기가 같은 분수	46
DAY 07	단원 총정리	54

3학년 2학기 분수편

DAY 08	부분과 전체의 양을 비교하여 나타내기	62
DAY 09	분수만큼은 전체의 얼마인지 알아보기(1)	70
DAY 10	분수만큼은 전체의 얼마인지 알아보기(2)	78
DAY 11	진분수, 가분수, 자연수	86
DAY 12	대분수	94
DAY 13	대분수를 가분수로 나타내기	102
DAY 14	가분수를 대분수로 나타내기	110
DAY 15	분모가 같은 분수의 크기 비교	118
DAY 16	단원 총정리	126

I

3학년 1학기 분수편

DAY 01 똑같이 나누기

DAY 02 분수 이해하기

DAY 03 분모가 같은 분수의 크기 비교

DAY 04 단위분수

DAY 05 단위분수의 크기 비교

DAY 06 크기가 같은 분수

DAY 07 단원 총정리

똑같이 나누기

DAY 01

1 똑같이 둘로 나누기

똑같이 나누어진 조각들은 크기와 모양이 모두 같으므로 겹쳐 보았을 때 완전히 포개어집니다.

크기는 넓이를 의미합니다. 크기만 같거나 모양만 같은 두 도형은 완전히 포개어지지 않습니다.

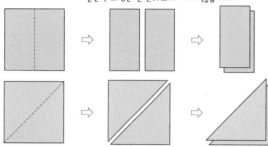

➡ 똑같이 나누는 방법은 여러 가지가 있습니다.

2 똑같이 여럿으로 나누기

정사각형을 똑같이 넷으로 나누는 방법입니다.

➡ 점선을 따라 자르면 완전히 포개어집니다.

1 다음 그림은 둘로 나누었지만 두 조각의 크기와 모양이 모두 같지 않으므로 똑같이 나누어진 도형이 아닙니다.

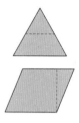

2 반드시 곧은 직선으로 나누지 않아도 됩니다.

깊은생각

● 원은 원의 중심을 지나는 직선을 그으면 똑같이 둘로 나뉩니다.
● 직사각형은 대각선을 그으면 똑같이 둘로 나뉩니다.
● 두 대각선의 교점을 지나는 직선은 직사각형을 똑같이 둘로 나눕니다.

만나는 점
중심

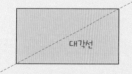
대각선

대각선

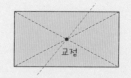
다각형에서 이웃하지 않는 두 꼭짓점을 이은 선분
교점

교점

1 도형을 똑같이 둘로 나눈 것은 ○표, 똑같이 둘로 나누지 않은 것은 ×표 하시오.

( )

( )

( )

( )

( )

2 점선을 따라 잘랐을 때 겹쳐지는 도형은 ○표, 겹쳐지지 않은 도형은 ×표 하시오.

( )

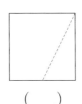
( )

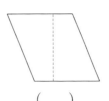
( )

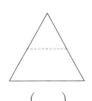
( )

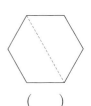
( )

3 똑같은 크기로 색칠된 국기를 모두 찾아 ○표 하시오.

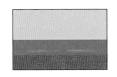
콜롬비아
( )

체코
( )

프랑스
( )

우크라이나
( )

4 도형을 똑같이 넷으로, 다섯으로 나누어 보시오.

똑같이 넷으로 나누기

똑같이 다섯으로 나누기

1 똑같이 나누어진 도형을 찾아 ○표 하시오.

   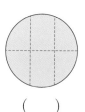

( )　　　　( )　　　　( )　　　　( )

2 똑같이 나누어지지 않은 도형을 모두 찾아 ○표 하시오.

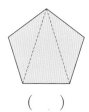 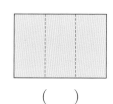 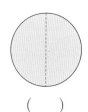 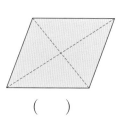

( )　　　　( )　　　　( )　　　　( )

3 똑같이 나누어진 정사각형을 모두 찾아 ○표 하시오.

( )　　　　( )　　　　( )　　　　( )

4 똑같이 나누어진 도형을 모두 찾아 기호를 쓰시오.

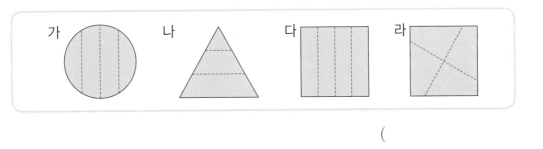

(   )

5 도형을 똑같이 나누지 못한 사람은 누구입니까?

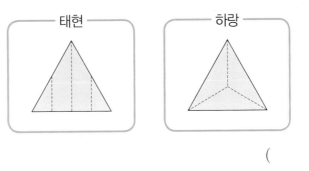

(   )

6 크기와 모양이 모두 같은 도형이 몇 개 있는지 구하시오.

(1)

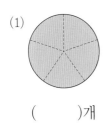

(   )개

(2)

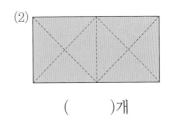

(   )개

1 도형을 보고 물음에 답하시오.

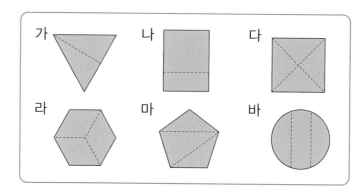

(1) 똑같이 나누어지지 않은 도형을 모두 찾아 기호를 쓰시오. (   )

(2) 똑같이 나누어진 도형을 모두 찾아 기호를 쓰시오. (   )

2 똑같이 넷으로 나누어진 도형을 모두 찾아 기호를 쓰시오.

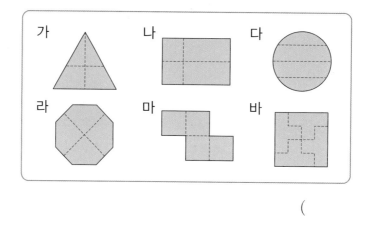

(   )

3 도형을 보고 물음에 답하시오.

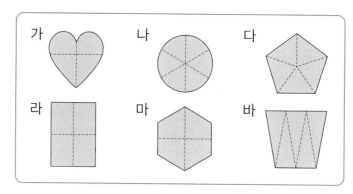

(1) 똑같이 넷으로 나누어진 도형을 모두 찾아 기호를 쓰시오. (   )

(2) 똑같이 다섯으로 나누어진 도형을 모두 찾아 기호를 쓰시오. (   )

4 정사각형 모양의 피자를 여러 명이 똑같이 나누어 먹으려고 합니다. 사람 수에 맞게 선을 그어 피자를 잘라보시오.

2명

4명

8명

5 도형을 똑같이 나누지 못한 사람은 누구입니까?

희권

상현

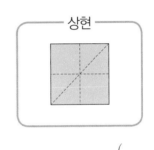

(   )

6 그림과 같이 세 변의 길이가 모두 같은 삼각형을 정삼각형이라고 합니다. 나누어진 조각들이 완전히 겹쳐지도록 선을 그어 정삼각형을 똑같이 나누어 보시오.

세 조각으로 나누기

네 조각으로 나누기

분수 이해하기

1 분수의 의미

➡ 전체에 대한 부분의 크기를 분수로 나타낼 수 있습니다.

➡ 정사각형 모양의 색종이 1개를 크기와 모양이 모두 같은 세 부분으로 나눌 때 부분의 크기를 분수로 나타낼 수 있습니다.

	3등분		
전체	⇨	부분	부분	부분

$$1 \qquad\qquad \dfrac{1}{3} \begin{array}{l} \to 부분의 수 \\ \to 전체를 똑같이 나눈 수 \end{array}$$

➡ $\dfrac{1}{3}$은 전체 1을 똑같이 3등분한 것 중의 한 부분입니다.

➡ '3분의 1(삼분의 일)'로 읽으며 분모를 먼저, 분자는 나중에 읽습니다.

➡ $\dfrac{(부분의 수)}{(전체를 똑같이 나눈 수)}$ 를 분수라 하고, $\dfrac{(분자)}{(분모)}$ 로 씁니다.

2 분모와 분자 구분하기

➡ 가로선 아래쪽에 있는 수를 분모, 가로선 위쪽에 있는 수를 분자라고 합니다.

➡ 분모는 0이 아닌 수이어야 합니다.

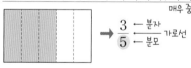

➡ $\dfrac{3}{5}\begin{array}{l} \leftarrow 분자 \\ \leftarrow 가로선 \\ \leftarrow 분모 \end{array}$ 매우 중요

➡ $\dfrac{5}{5}=1$ 분모와 분자가 같은 수인 경우가 있습니다. 이때는 1이 됩니다.

---

1 3÷1에 대해 배웠죠? 3입니다. 그럼 1÷3은 무엇일까요? '÷' 자리에 가로선을 기울여 그으면 분수 $\dfrac{1}{3}$이 됩니다.

$$1\div3 \;\to\; 1/3 \;\to\; \dfrac{1}{3}$$

2 분모의 모(母)는 '어머니'를, 분자의 자(子)는 '아들'을 나타냅니다. 어머니가 아들을 업고 있다고 생각하면 됩니다.

v 분모의 자리에는 0이 절대 올 수 없습니다. 그러나 분자의 자리에는 0이 올 수 있습니다.

$$\dfrac{0}{\blacktriangle}\;(\bigcirc) \qquad \dfrac{\blacktriangle}{0}\;(\times)$$

깊은생각

● 분수를 읽을 때, 분자부터 거꾸로 읽는 학생들이 많습니다.

● "분모 분의 분자"로 읽어야 합니다. 엄마(분모)가 있어야 자식(분자)이 있다고 생각하면 이해하기 쉽습니다.

$$\boxed{\dfrac{1}{4}} \quad \begin{array}{l} 1분의 4\;(\times) \\ 4분의 1\;(\bigcirc) \end{array}$$

1 색칠한 부분이 전체의 $\dfrac{2}{3}$인 그림에 ○표 하시오.

(   )   (   )   (   )   (   )

2 색칠한 부분을 분수로 나타내려고 합니다. ☐ 안에 알맞은 수를 써 넣으시오.

3 주어진 분수만큼 그림에 색칠하시오.

   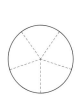

$\dfrac{1}{2}$ $\dfrac{2}{3}$ $\dfrac{3}{4}$ $\dfrac{4}{5}$

4 옳은 문장에 ○표, 틀린 문장에 ×표 하시오.

⑴ $\dfrac{2}{4}$의 분모는 4입니다.   (   )

⑵ $\dfrac{4}{5}$의 분자는 4입니다.   (   )

⑶ $\dfrac{5}{7}$는 '7분의 5'라고 읽습니다.   (   )

⑷ 분모가 0인 분수도 있습니다.   (   )

1 ☐ 안에 알맞은 수를 써넣으시오.

(1) 색칠한 부분 ☐ 은 전체 ☐ 를 똑같이 ☐ 로 나눈 것 중의 ☐ 입니다.

(2) 색칠한 부분 ☐ 은 전체 ☐ 를 똑같이 ☐ 로 나눈 것 중의 ☐ 입니다.

(3) 색칠한 부분 ◔ 은 전체 ● 를 똑같이 ☐ 으로 나눈 것 중의 ☐ 이므로 ☐/☐ 입니다.

(4) 색칠한 부분 ◔ 은 전체 ● 를 똑같이 ☐ 로 나눈 것 중의 ☐ 이므로 ☐/☐ 입니다.

2 ☐ 안에 알맞은 수를 써넣으시오.

(1) 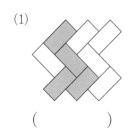 색칠한 부분은 전체를 똑같이 5로 나눈 것 중의 ☐ 이므로 ☐/☐ 입니다.

(2) 색칠한 부분은 전체를 똑같이 ☐ 로 나눈 것 중의 5이므로 ☐/☐ 입니다.

3 색칠한 부분은 전체의 얼마입니까?

(1)

(   )

(2)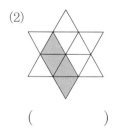

(   )

4 색칠한 부분이 나타내는 분수를 찾아 ○표 하시오.

하늘색	$\frac{2}{2}$	$\frac{2}{3}$	$\frac{2}{4}$
보라색	$\frac{1}{2}$	$\frac{1}{3}$	$\frac{1}{4}$

5 화살표가 가리키는 숫자가 분자이면 '자', 분모이면 '모'라고 쓰시오.

(1) $\frac{4}{5}$ ← ☐   (2) $\frac{3}{6}$ ← ☐

(3) $\frac{5}{7}$ ← ☐   (4) $\frac{7}{8}$ ← ☐

6 분모와 분자를 찾아 ☐ 안에 알맞은 수를 써넣으시오.

(1) $\frac{2}{3}$ ➡ ☐분의 2   (2) $\frac{3}{5}$ ➡ 5분의 ☐

(3) $\frac{4}{7}$ ➡ ☐분의 ☐   (4) $\frac{5}{9}$ ➡ ☐분의 ☐

7 두 학생 중에서 분수를 잘못 읽은 학생은 누구입니까?

$\frac{3}{4}$

> 정국 : "이것은 3분의 4라고 읽는 거야."
> 태형 : "나는 4분의 3이라고 배웠어."

(   )

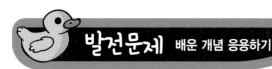

1 ☐와 _____ 안에 알맞은 수를 써넣으시오.

(1)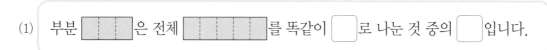

전체를 똑같이 나눈 수 : _____   부분의 수 : _____

(2)

전체를 똑같이 나눈 수 : _____   부분의 수 : _____

2 그림을 보고 ☐ 안에 알맞은 수를 써넣으시오.

(1)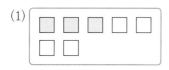

색칠한 조각의 수 : ☐ ┐ ☐

전체 조각 수   : ☐ ┘ ☐

(2)

색칠한 조각의 수 : ☐ ┐ ☐

전체 조각 수   : ☐ ┘ ☐

3 색칠한 부분을 분수로 나타내려고 합니다. ☐ 안에 알맞은 수를 써넣으시오.

(1) 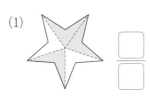   ☐/☐

(2) 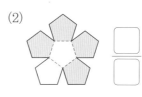   ☐/☐

(3)    ☐/☐

(4) 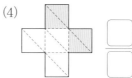   ☐/☐

4 그림을 보고 ☐ 안에 알맞은 수를 써넣으시오.

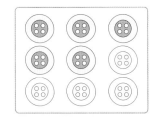 색칠한 단추 : ☐/☐ , 색칠하지 않은 단추 : ☐/☐

5 그림을 보고 ☐ 안에 알맞은 수를 써넣어 분수를 완성하시오.

(1) 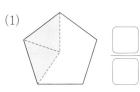 ☐/☐

(2) 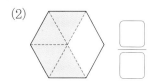 ☐/☐

(3)  ☐/☐

(4) 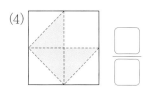 ☐/☐

6 ☐ 안에 알맞은 수를 써넣으시오.

(1) $\dfrac{☐}{6}$ ➡ ☐분의 4

(2) $\dfrac{5}{☐}$ ➡ 7분의 ☐

(3) $\dfrac{☐}{8}$ ➡ ☐분의 3

(4) $\dfrac{2}{☐}$ ➡ 9분의 ☐

7 하랑이는 케이크 하나를 8조각으로 나눈 것 중의 1조각을 먹었습니다. 남은 조각은 전체의 얼마입니까?

정답 ○ _____

풀이 과정 ○ _____

분모가 같은 분수의 크기 비교

1 자연수의 크기 비교

➡ 수직선에서 오른쪽에 있는 수가 더 큰 수입니다.

자연수는 1, 2, 3, 4, 5, 6처럼 오른쪽으로 갈수록 1씩 더 커집니다.

$1 \boxed{<} 2 \boxed{<} 3 \boxed{<} 4 \boxed{<} 5 \boxed{<} 6 \boxed{<} 7 \boxed{<} 8 \boxed{<} 9$

➡ '5는 1보다 큽니다'를 어떻게 표시하나요?　　　　$5 \boxed{\phantom{<}} 1$

➡ '2는 6보다 작습니다'를 어떻게 표시하나요?　　　$2 \boxed{\phantom{<}} 6$

2 분모가 같은 분수의 크기 비교

➡ 분모가 같으면 '분자'를 비교합니다.

➡ 분모가 같으면 분자가 클수록 큰 수입니다.

$\dfrac{2}{4}$

$\dfrac{3}{4}$

2보다 3이 크다.

분모가 같다.

➡ $(분수) = \dfrac{(부분의 수)}{(전체를 똑같이 나눈 수)}$ 입니다.

분모가 같다는 말은 전체를 똑같이 나누었다는 의미이므로
분자로 두 분수의 크기를 비교하면 됩니다.

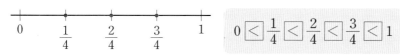

$0 \boxed{<} \dfrac{1}{4} \boxed{<} \dfrac{2}{4} \boxed{<} \dfrac{3}{4} \boxed{<} 1$

➡ $\dfrac{2}{4}$ 는 $\dfrac{1}{4}$ 이 2개이고 $\dfrac{3}{4}$ 은 $\dfrac{1}{4}$ 이 3개이므로 $\dfrac{2}{4} \boxed{<} \dfrac{3}{4}$ 입니다.

1

(1) '5는 1보다 큽니다.'

$5 \boxed{>} 1,\ 1 \boxed{<} 5$

(2) '2는 6보다 작습니다.'

$2 \boxed{<} 6,\ 6 \boxed{>} 2$

2 두 분수 $\dfrac{2}{4}$, $\dfrac{3}{4}$ 은 분모가
모두 4로 같고 분자가
2<3이므로 $\dfrac{2}{4} \boxed{<} \dfrac{3}{4}$ 입니다.

v 피자 한 판을 8조각으로
나누었을 때, 3조각이 1조각
보다 더 큽니다.

$\dfrac{3}{8} \rightarrow$ 8조각 중에 3조각

$\dfrac{1}{8} \rightarrow$ 8조각 중에 1조각
이므로 $\dfrac{3}{8} \boxed{>} \dfrac{1}{8}$ 입니다.

깊은생각

● '분모가 같으면' 분자의 크기를 비교하면 됩니다.

다음과 같이 '분모가 같지 않은' 두 분수의 크기는 어떻게 비교할까요?

$\boxed{\dfrac{1}{2}}\quad \boxed{\phantom{<}}\quad \boxed{\dfrac{3}{4}}$

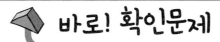 바로! 확인문제

정답/풀이 ➡ 6쪽

1 ◯ 안에 >, =, < 중에서 알맞은 것을 써넣으시오.

(1) 3 ◯ 5

(2) 7 ◯ 6

(3) 4 ◯ 4

2 색칠한 부분의 크기가 더 큰 그림에 ◯표 하시오.

(1) 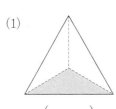 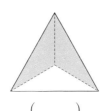　(2)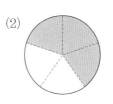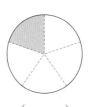

　(　)　(　)　　　(　)　(　)

(3) 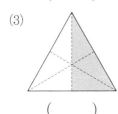 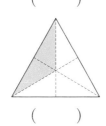　(4)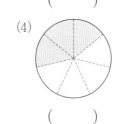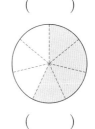

　(　)　(　)　　　(　)　(　)

3 ☐ 안에 알맞은 수를, ◯ 안에 >, =, < 중에서 알맞은 것을 써넣으시오.

(1) $\frac{2}{5}$ 는 $\frac{1}{5}$ 이 ☐개, $\frac{4}{5}$ 는 $\frac{☐}{☐}$ 이 4개이고 2 ◯ 4이므로 $\frac{2}{5}$ ◯ $\frac{4}{5}$ 입니다.

(2) $\frac{3}{6}$ 은 $\frac{1}{6}$ 이 ☐개, $\frac{☐}{☐}$ 는 $\frac{1}{6}$ 이 5개이고 3 ◯ 5이므로 $\frac{3}{6}$ ◯ $\frac{5}{6}$ 입니다.

4 ◯ 안에 >, =, < 중에서 알맞은 것을 써넣으시오.

(1) 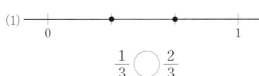　　(2)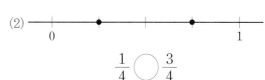

$\frac{1}{3}$ ◯ $\frac{2}{3}$　　　　　　$\frac{1}{4}$ ◯ $\frac{3}{4}$

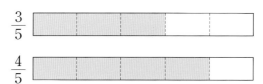

1 두 분수의 크기를 비교하려고 합니다.

$\frac{3}{5}$

$\frac{4}{5}$

(1) $\frac{3}{5}$은 $\frac{1}{5}$이 (　　　)개입니다.

(2) $\frac{4}{5}$는 $\frac{1}{5}$이 (　　　)개입니다.

(3) $\frac{3}{5}$은 $\frac{4}{5}$보다 더 (큽니다, 작습니다).

(4) $\frac{3}{5}$ ◯ $\frac{4}{5}$

2 그림을 보고 ☐ 안에 알맞은 수를, ◯ 안에 >, =, < 중에서 알맞은 것을 써넣으시오.

(1)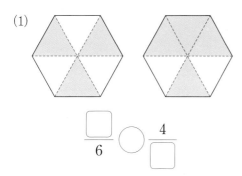

$\dfrac{\Box}{6}$ ◯ $\dfrac{4}{\Box}$

(2)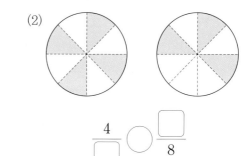

$\dfrac{4}{\Box}$ ◯ $\dfrac{\Box}{8}$

3 주어진 분수만큼 색칠하고, ◯ 안에 >, =, < 중에서 알맞은 것을 써넣으시오.

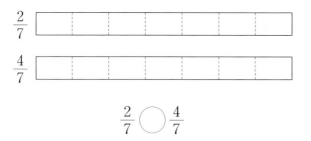

$\frac{2}{7}$

$\frac{4}{7}$

$\frac{2}{7}$ ◯ $\frac{4}{7}$

4 분수를 수직선에 나타내고, ◯ 안에 >, =, < 중에서 알맞은 것을 써넣으시오.

(1)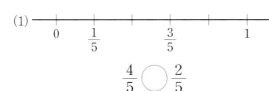

$$\frac{4}{5} \bigcirc \frac{2}{5}$$

(2)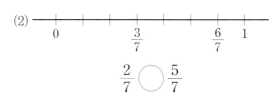

$$\frac{2}{7} \bigcirc \frac{5}{7}$$

5 주어진 분수만큼 색칠하고, ◯ 안에 >, =, < 중에서 알맞은 것을 써넣으시오.

(1)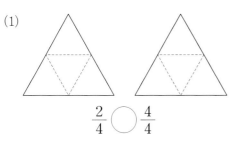

$$\frac{2}{4} \bigcirc \frac{4}{4}$$

(2)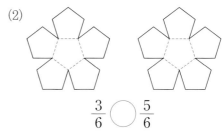

$$\frac{3}{6} \bigcirc \frac{5}{6}$$

(3)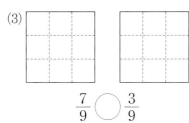

$$\frac{7}{9} \bigcirc \frac{3}{9}$$

(4)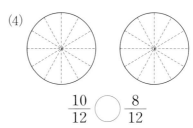

$$\frac{10}{12} \bigcirc \frac{8}{12}$$

6 색칠한 부분은 우리 가족이 각각 먹은 피자의 양입니다. ☐ 안에 알맞은 수를 넣어 먹은 피자의 양을 분수로 표현하고, 가장 많이 먹은 사람에 ◯표 하시오.

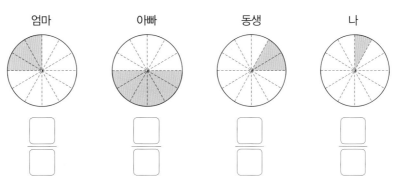

1 _____에 알맞은 수를, ◯ 안에 >, =, < 중에서 알맞은 것을 써넣으시오.

(1) $\frac{2}{5}$는 $\frac{1}{5}$이 _____개, $\frac{3}{5}$은 $\frac{1}{5}$이 _____개입니다.

$$\frac{2}{5} \bigcirc \frac{3}{5}$$

(2) $\frac{5}{6}$는 $\frac{1}{6}$이 _____개, $\frac{4}{6}$는 $\frac{1}{6}$이 _____개입니다.

$$\frac{5}{6} \bigcirc \frac{4}{6}$$

2 주어진 분수만큼 색칠하고, ◯ 안에 >, =, < 중에서 알맞은 것을 써넣으시오.

(1) 　　$\frac{2}{5} \bigcirc \frac{4}{5}$　　

(2) 　　$\frac{5}{6} \bigcirc \frac{3}{6}$　　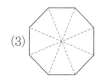

(3) 　　$\frac{7}{8} \bigcirc \frac{6}{8}$

3 분수를 수직선에 나타내고, ◯ 안에 >, =, < 중에서 알맞은 것을 써넣으시오.

(1)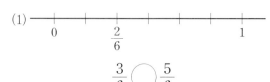

$$\frac{3}{6} \bigcirc \frac{5}{6}$$

(2)

$$\frac{2}{8} \bigcirc \frac{5}{8} \bigcirc \frac{7}{8}$$

4 두 수의 크기를 비교하여 ◯ 안에 >, =, < 중에서 알맞은 것을 써넣으시오.

(1) $\dfrac{1}{7}$이 3개인 수 ◯ $\dfrac{1}{7}$이 5개인 수

(2) $\dfrac{1}{13}$이 10개인 수 ◯ $\dfrac{1}{13}$이 7개인 수

5 □ 안에 들어갈 수 있는 수를 모두 찾아 ◯표 하시오.

(1) $\dfrac{\square}{6} < \dfrac{4}{6}$ (1   2   3   4   5   6)

(2) $\dfrac{7}{9} > \dfrac{\square}{9}$ (4   5   6   7   8   9)

6 두 분수의 크기를 비교하여 ◯ 안에 >, =, < 중에서 알맞은 것을 써넣으시오.

(1) $\dfrac{4}{4}$ ◯ $\dfrac{3}{4}$

(2) $\dfrac{3}{8}$ ◯ $\dfrac{4}{8}$

(3) $\dfrac{9}{13}$ ◯ $\dfrac{7}{13}$

(4) $\dfrac{7}{17}$ ◯ $\dfrac{12}{17}$

7 다섯 분수 중에서 가장 큰 분수에 ○표, 가장 작은 분수에 △표 하시오.

(1) $\dfrac{7}{11}$ $\dfrac{5}{11}$ $\dfrac{10}{11}$ $\dfrac{9}{11}$ $\dfrac{2}{11}$

(2) $\dfrac{7}{17}$ $\dfrac{15}{17}$ $\dfrac{2}{17}$ $\dfrac{16}{17}$ $\dfrac{9}{17}$

8 분모가 7인 분수 중에서 $\dfrac{3}{7}$ 보다 크고 $\dfrac{6}{7}$ 보다 작은 분수를 모두 찾아 ○표 하시오.

$$\dfrac{3}{7} \quad\quad \dfrac{6}{7} \quad\quad \dfrac{4}{7} \quad\quad \dfrac{2}{7} \quad\quad \dfrac{5}{7}$$

9 세 분수의 크기를 비교하여 (　　) 안에 알맞은 분수를 써넣으시오.

(1) $\dfrac{4}{9}$ $\dfrac{2}{9}$ $\dfrac{7}{9}$ (　　　) > (　　　) > (　　　)

(2) $\dfrac{9}{10}$ $\dfrac{2}{10}$ $\dfrac{5}{10}$ (　　　) < (　　　) < (　　　)

서술형
10 지혜와 태식이는 우유 한 컵을 나누어 마시기로 했습니다. 지혜는 전체의 $\frac{2}{3}$를 마시고 나머지는 태식이가 마셨습니다. 우유를 더 많이 마신 사람은 누구인지 구하시오.

> **정답** ○ _____

> **풀이 과정** ○ _____
>
> _____

서술형
11 토끼와 거북이가 달리기 경주를 했습니다. 토끼는 출발점에서 $\frac{3}{7}$ km 지점에서 잠이 들었습니다. 그때 거북이는 출발점에서 $\frac{4}{7}$ km 지점을 지나갔습니다. 누구가 더 많이 움직였습니까?

> **정답** ○ _____

> **풀이 과정** ○ _____
>
> _____

서술형
12 $\frac{4}{12} < \frac{\square}{12} < \frac{11}{12}$ 에서 □ 안에 들어갈 수 있는 자연수는 모두 몇 개인지 구하시오.

> **정답** ○ _____ 개

> **풀이 과정** ○ _____
>
> _____

단위분수

1 단위분수

$$\frac{1}{2}, \frac{1}{3}, \frac{1}{4}, \frac{1}{5}, \frac{1}{6}, \cdots$$

➡ 분수 중에서 위와 같이 분자가 1인 분수를 '단위분수'라고 합니다.

➡ 전체를 똑같이 □로 나눈 것 중의 1을 '$\frac{1}{□}$'로 나타냅니다.

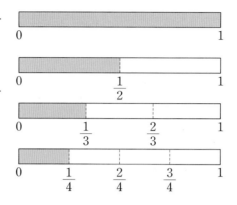

2 단위분수가 몇 개인지 알아보기

$\frac{2}{5}$와 $\frac{3}{5}$을 색칠하여 $\frac{1}{5}$이 몇 개인지 알아봅시다.

$\frac{2}{5}$는 전체를 똑같이 5로 나눈 것 중의 2이므로 2칸을 색칠합니다.

➡ $\frac{2}{5}$는 $\frac{1}{5}$이 2개입니다.

$\frac{3}{5}$은 전체를 똑같이 5로 나눈 것 중의 3이므로 3칸을 색칠합니다.

➡ $\frac{3}{5}$은 $\frac{1}{5}$이 3개입니다.

---

1 $\frac{1}{1}$은 단위분수인가요?

아닙니다. 전체를 하나로 나눌 수 없습니다. 전체를 똑같이 나누려면 분모가 2, 3, 4, …이어야 합니다.

2 $\frac{1}{5}$이 5개이면 어떻게 될까요?

등분한 조각을 모두 모으면 1이 되므로 $\frac{1}{5}$이 5개이면 1입니다.

v 길이와 시간, 무게 등을 잴 때 기초가 되는 일정한 기준을 '단위'라고 합니다. 다음과 같이 실생활에서 자주 사용하는 단위가 있습니다.

(1) 길이의 단위
센티미터(cm), 미터(m), 킬로미터(km), …
(2) 시간의 단위 : 초, 분, 시간
(3) 무게의 단위 : 그램(g), 킬로그램(kg)

참고로 반지름의 길이가 1인 원을 단위원이라고 합니다.

깊은생각

● $\frac{1}{3}$을 무조건 1을 똑같이 3조각으로 나눈 것 중의 1조각이라고 생각하는 친구들이 있습니다.

$\frac{1}{3}$은 전체를 똑같이 3개의 묶음으로 나눈 것 중의 1개의 묶음이라고 생각하는게 맞습니다.

➡ 케이크 1개의 $\frac{1}{3}$은 똑같이 3조각으로 나눈 것 중의 1입니다.

➡ 케이크 3개의 $\frac{1}{3}$은 케이크 1개입니다.

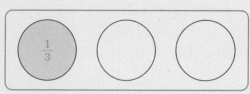

1 분수 중에서 단위분수인 것에 ○표, 단위분수가 <u>아닌</u> 것에 ×표 하시오.

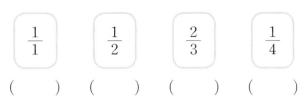

(   )   (   )   (   )   (   )

2 단위분수에 대한 설명입니다. ☐ 안에 알맞은 수를 써넣으시오.

(1) 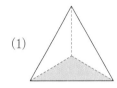   색칠한 부분은 전체를 똑같이 ☐으로 나눈 것 중의 ☐이므로 $\frac{☐}{☐}$ 입니다.

(2) 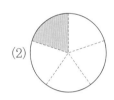   색칠한 부분은 전체를 똑같이 ☐로 나눈 것 중의 ☐이므로 $\frac{☐}{☐}$ 입니다.

3 색칠한 부분을 단위분수로 나타내려고 합니다. ☐ 안에 알맞은 수를 써넣으시오.

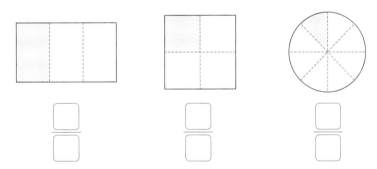

$\frac{☐}{☐}$ $\frac{☐}{☐}$ $\frac{☐}{☐}$

4 ☐ 안에 알맞은 수를 써넣으시오.

(1) $\frac{2}{3}$ 는 단위분수 $\frac{1}{3}$ 이 ☐ 개입니다.

(2) $\frac{3}{4}$ 은 단위분수 $\frac{☐}{☐}$ 이 3개입니다.

1 단위분수를 모두 찾아 ○표 하시오.

(1) $\dfrac{1}{2}$ $\dfrac{3}{6}$ $\dfrac{2}{3}$ $\dfrac{1}{6}$ $\dfrac{1}{7}$ $\dfrac{4}{9}$

(2) $\dfrac{3}{12}$ $\dfrac{1}{26}$ $\dfrac{1}{13}$ $\dfrac{11}{36}$ $\dfrac{10}{47}$ $\dfrac{40}{99}$

2 주어진 단위분수만큼 색칠하시오.

(1)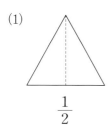
$\dfrac{1}{2}$

(2)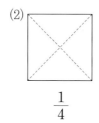
$\dfrac{1}{4}$

(3)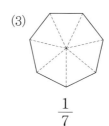
$\dfrac{1}{7}$

(4)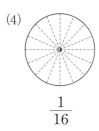
$\dfrac{1}{16}$

3 단위분수와 맞는 그림을 선으로 연결하시오.

$\dfrac{1}{6}$ •

$\dfrac{1}{12}$ •

$\dfrac{1}{8}$ •

$\dfrac{1}{10}$ •

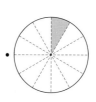

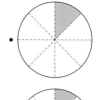

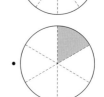

4 ◻ 안에 알맞은 수를 써넣으시오.

(1) $\frac{1}{6}$  ➡ 전체를 ◻으로 등분한 것 중의 1입니다.

(2) $\frac{1}{4}$ ➡ 전체를 4로 등분한 것 중의 ◻입니다.

5 주어진 분수만큼 색칠하고, ◻ 안에 알맞은 수를 써넣으시오.

(1) $\frac{4}{7}$

$\frac{1}{7}$	$\frac{1}{7}$	$\frac{1}{7}$	$\frac{1}{7}$	$\frac{1}{7}$	$\frac{1}{7}$	$\frac{1}{7}$

➡ $\frac{4}{7}$ 는 $\frac{1}{7}$ 이 ◻개입니다.

(2) $\frac{7}{9}$

$\frac{1}{9}$	$\frac{1}{9}$	$\frac{1}{9}$	$\frac{1}{9}$	$\frac{1}{9}$	$\frac{1}{9}$	$\frac{1}{9}$	$\frac{1}{9}$	$\frac{1}{9}$

➡ $\frac{7}{9}$ 은 $\frac{◻}{◻}$ 이 7개입니다.

6 ◻ 안에 알맞은 수를 써넣으시오.

(1) $\frac{1}{6}$ 이 3개이면 $\frac{◻}{◻}$ 입니다.

(2) $\frac{3}{8}$ 은 $\frac{1}{8}$ 이 ◻개입니다.

(3) $\frac{5}{9}$ 는 $\frac{◻}{◻}$ 이 5개입니다.

(4) $\frac{1}{10}$ 이 10개이면 ◻입니다.

1 종이띠를 단위분수만큼씩 나눈 그림입니다. ☐ 안에 알맞은 단위분수를 써넣으시오.

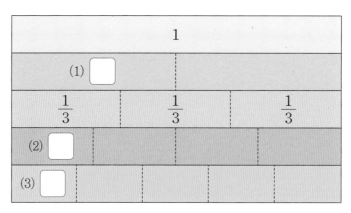

2 그림에 맞는 단위분수를 찾아 ○표 하시오.

(1)

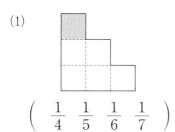

$$\left(\quad \frac{1}{4} \quad \frac{1}{5} \quad \frac{1}{6} \quad \frac{1}{7} \quad \right)$$

(2)

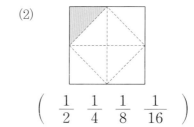

$$\left(\quad \frac{1}{2} \quad \frac{1}{4} \quad \frac{1}{8} \quad \frac{1}{16} \quad \right)$$

3 주어진 단위분수만큼 색칠하시오.

(1)

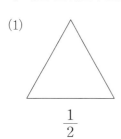

$$\frac{1}{2}$$

(2)

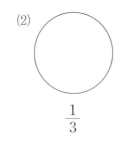

$$\frac{1}{3}$$

(3)

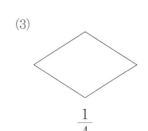

$$\frac{1}{4}$$

(4)

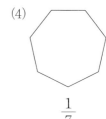

$$\frac{1}{7}$$

4 색칠한 부분이 나타내는 단위분수와 그 설명을 선으로 연결하시오.

　·

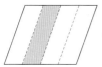　·

　·

　·

· $\dfrac{1}{7}$ ·

· $\dfrac{1}{8}$ ·

· $\dfrac{1}{16}$ ·

· $\dfrac{1}{4}$ ·

· 전체를 똑같이 8로 나눈 것 중의 1

· 전체를 똑같이 7로 나눈 것 중의 1

· 전체를 똑같이 4로 나눈 것 중의 1

· 전체를 똑같이 16으로 나눈 것 중의 1

5 다음 예시를 보고, ☐ 안에 알맞은 수를 써넣으시오.

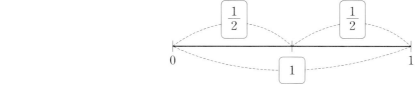

(1)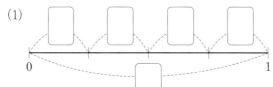

(2)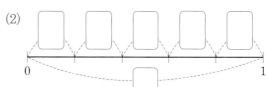

6 분모와 분자의 합이 10인 단위분수는 무엇입니까?

(　　　　　　　)

7 가와 나에 알맞은 수의 합을 구하시오.

- $\dfrac{3}{7}$ 은 $\dfrac{1}{7}$ 이 $\boxed{가}$ 개입니다.

- $\dfrac{2}{6}$ 는 $\dfrac{1}{\boxed{나}}$ 이 2개입니다.

(   )

8 건이네 가족은 피자 한 판을 7조각으로 나누어 먹었습니다. ☐ 안에 알맞은 수를 써넣으시오.

- 피자 한 조각은 전체의 $\dfrac{\boxed{}}{\boxed{}}$ 입니다.

- 피자 한 판은 $\dfrac{1}{7}$ 이 $\boxed{}$ 개입니다.

9 건이와 창규가 말하는 조건에 알맞은 분수를 구하시오.

(   )

10 ☐ 안에 알맞은 수를 써넣으시오.

(1) $\dfrac{1}{7}$이 ☐개이면 $\dfrac{5}{7}$입니다.

(2) $\dfrac{4}{9}$는 $\dfrac{1}{9}$이 ☐개입니다.

(3) $\dfrac{7}{10}$은 $\dfrac{☐}{☐}$이 7개입니다.

(4) $\dfrac{1}{12}$이 ☐개이면 1입니다.

11 색칠한 땅을 단위분수로 나타내려고 합니다. ☐ 안에 알맞은 수를 써넣으시오.

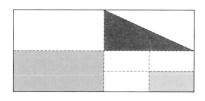

(1) 초록색 땅 : $\dfrac{☐}{☐}$ (2) 빨강색 땅 : $\dfrac{☐}{☐}$ (3) 파랑색 땅 : $\dfrac{☐}{☐}$

서술형

12 정사각형 모양의 색종이가 있습니다. 그림과 같이 3번 접었을 때 생기는 삼각형의 크기는 처음 정사각형 크기의 얼마입니까?

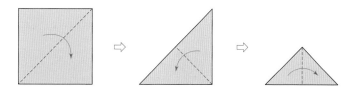

정답 ○ _____

풀이 과정 ○ _____

단위분수의 크기 비교

1 단위분수의 크기 비교 – 그림을 이용한 방법

두 분수 $\frac{1}{2}$, $\frac{1}{4}$ 중에서 어떤 수가 더 클까요? 피자로 생각해 봅시다.

$\frac{1}{2}$: 전체를 2조각으로 등분한 것 중에 한 조각

$\frac{1}{4}$: 전체를 4조각으로 등분한 것 중에 한 조각

➡ 더 큰 피자는 어느 것인가요? $\frac{1}{2}$ $\boxed{>}$ $\frac{1}{4}$

2 단위분수의 크기 비교 – 분수막대를 이용한 방법

그림을 보고 분수의 크기를 비교해 보세요.

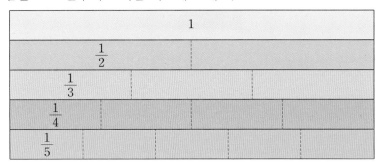

➡ 가장 큰 분수는 무엇인가요? ($\frac{1}{2}$)

➡ 가장 작은 분수는 무엇인가요? ($\frac{1}{5}$)

➡ $\frac{1}{2}$ $\boxed{>}$ $\frac{1}{3}$ $\boxed{>}$ $\frac{1}{4}$ $\boxed{>}$ $\frac{1}{5}$

➡ 단위분수는 분모가 작을수록 더 큽니다.

➡ ■ < ●이면 $\frac{1}{■}$ > $\frac{1}{●}$입니다.

---

1 10,000원의 $\frac{1}{4}$과 $\frac{1}{5}$ 중에서 어떤 것이 더 클까요?

$\frac{1}{4}$: 4등분 중 1 → 2,500원

$\frac{1}{5}$: 5등분 중 1 → 2,000원

➡ $\frac{1}{4}$ $\boxed{>}$ $\frac{1}{5}$

2 단위분수는 1을 분모로 나눈 수이므로 분모가 작을수록 더 큽니다.

➡ 분자가 같은 경우 분모가 작을수록 더 큽니다.

v 단위분수는 분모가 작을수록 더 큽니다.

(1) $4 < 5$ ➡ $\frac{1}{4}$ $\boxed{>}$ $\frac{1}{5}$

(2) $7 > 6$ ➡ $\frac{1}{7}$ $\boxed{<}$ $\frac{1}{6}$

깊은생각

● 분수에서 분모는 분자를 나누는 크기이므로 크게 나눌수록 분수는 더 작습니다.

● 단위분수에서처럼 분자가 같은 분수는 분모가 작을수록 더 큽니다.

$$\frac{1}{2} > \frac{1}{4} \qquad \frac{2}{2} > \frac{2}{3}$$

1 그림을 보고 ◯ 안에 >, =, < 중에서 알맞은 것을 써넣으시오.

(1) 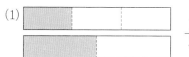 $\dfrac{1}{3}$ ◯ $\dfrac{1}{2}$

(2) 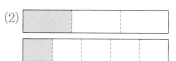 $\dfrac{1}{3}$ ◯ $\dfrac{1}{5}$

(3)  $\dfrac{1}{4}$ ◯ $\dfrac{1}{3}$

(4) 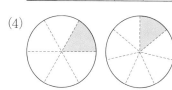 $\dfrac{1}{6}$ ◯ $\dfrac{1}{7}$

2 그림을 보고 ☐ 안에 알맞은 수를, ◯ 안에 >, =, < 중에서 알맞은 것을 써넣으시오.

(1)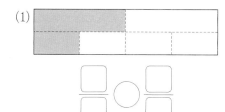

(2)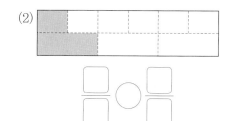

3 두 분수를 수직선에 나타내고, ◯ 안에 >, =, < 중에서 알맞은 것을 써넣으시오.

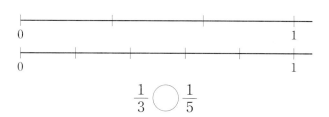

$\dfrac{1}{3}$ ◯ $\dfrac{1}{5}$

4 두 분수의 크기를 비교하여 ◯ 안에 >, =, < 중에서 알맞은 것을 써넣으시오.

(1) $\dfrac{1}{2}$ ◯ $\dfrac{1}{3}$

(2) $\dfrac{1}{4}$ ◯ $\dfrac{1}{3}$

(3) $\dfrac{1}{4}$ ◯ $\dfrac{1}{5}$

(4) $\dfrac{1}{6}$ ◯ $\dfrac{1}{5}$

1 그림을 보고 ☐ 안에 알맞은 수를, ◯ 안에 >, =, < 중에서 알맞은 것을 써넣으시오.

(1)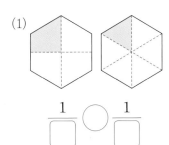

$$\frac{1}{\boxed{}} \bigcirc \frac{1}{\boxed{}}$$

(2)

$$\frac{1}{\boxed{}} \bigcirc \frac{1}{\boxed{}}$$

2 주어진 분수만큼 색칠하고, ◯ 안에 >, =, < 중에서 알맞은 것을 써넣으시오.

(1)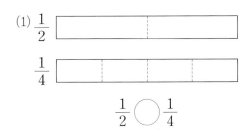

$$\frac{1}{2} \bigcirc \frac{1}{4}$$

(2)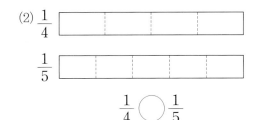

$$\frac{1}{4} \bigcirc \frac{1}{5}$$

3 분수를 수직선에 나타내고, ◯ 안에 >, =, < 중에서 알맞은 것을 써넣으시오.

(1)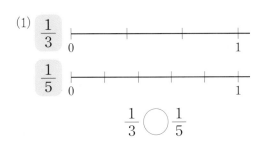

$$\frac{1}{3} \bigcirc \frac{1}{5}$$

(2)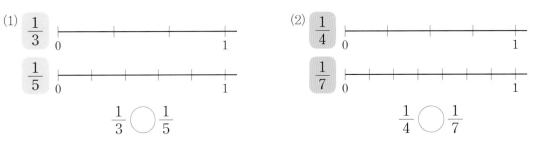

$$\frac{1}{4} \bigcirc \frac{1}{7}$$

4 $\dfrac{1}{9}$보다 큰 분수를 모두 찾아 ○표 하시오.

$$\dfrac{1}{10} \qquad \dfrac{1}{6} \qquad \dfrac{1}{12} \qquad \dfrac{1}{8}$$

5 네 분수 중에서 가장 큰 분수에 ○표, 가장 작은 분수에 △표 하시오.

(1) $$\dfrac{1}{7} \qquad \dfrac{1}{10} \qquad \dfrac{1}{5} \qquad \dfrac{1}{9}$$

(2) $$\dfrac{1}{13} \qquad \dfrac{1}{9} \qquad \dfrac{1}{11} \qquad \dfrac{1}{7}$$

6 □ 안에 들어갈 수 있는 자연수를 모두 구하시오.

$$\dfrac{1}{3} > \dfrac{1}{\square} > \dfrac{1}{7}$$

( )

7 단위분수의 크기를 비교하여 ( ) 안에 알맞은 분수를 써넣으시오.

$$\dfrac{1}{3} \qquad \dfrac{1}{6} \qquad \dfrac{1}{4} \qquad \dfrac{1}{8}$$

( )<( )<( )<( )

1 두 분수의 크기를 비교하여 ◯ 안에 >, =, < 중에서 알맞은 것을 써넣으시오.

(1) $\dfrac{1}{4}$ ◯ $\dfrac{1}{3}$

(2) $\dfrac{1}{8}$ ◯ $\dfrac{1}{6}$

(3) $\dfrac{1}{11}$ ◯ $\dfrac{1}{12}$

(4) $\dfrac{1}{10}$ ◯ $\dfrac{1}{100}$

2 분수막대를 보고 ☐ 안에 알맞은 분수를, ◯ 안에 >, =, < 중에서 알맞은 것을 써넣으시오.

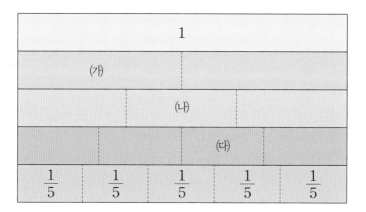

(1) ☐/☐ ◯ ☐/☐
(가) (나)

(2) ☐/☐ ◯ ☐/☐
(나) (다)

3 ☐ 안에 들어갈 수 있는 단위분수는 모두 몇 개입니까?

(1) $\dfrac{1}{6} < \square < \dfrac{1}{3}$　　　　　　(　　　　　　)개

(2) $\dfrac{1}{11} < \square < \dfrac{1}{7}$　　　　　　(　　　　　　)개

4 세 분수 중에서 가장 큰 분수에 ○표, 가장 작은 분수에 △표 하시오.

(1)
$$\frac{1}{8} \qquad \frac{1}{9} \qquad \frac{1}{2}$$

(2)
$$\frac{1}{15} \qquad \frac{1}{20} \qquad \frac{1}{10}$$

5 2부터 9까지의 수 중에서 □ 안에 들어갈 수 있는 자연수를 모두 구하시오.

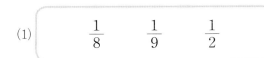

$$\frac{1}{4} < \frac{1}{\square}$$

( )

6 조건을 만족하는 분수를 모두 구하시오.

- 단위분수입니다.
- $\frac{1}{4}$ 보다 작은 분수입니다.
- 분모는 8보다 작습니다.

( )

7 다음 예시를 참고하여 ☐ 안에 들어갈 수 있는 단위분수를 모두 구하시오.

$$\boxed{?} > \frac{1}{5} \;\Rightarrow\; \boxed{?} = \frac{1}{4},\ \frac{1}{3},\ \frac{1}{2}$$

(1) $\boxed{?} > \frac{1}{4} \;\Rightarrow\; \boxed{?} = $ _____

(2) $\boxed{?} > \frac{1}{7} \;\Rightarrow\; \boxed{?} = $ _____

8 ☐ 안에 들어갈 수 있는 분수 중에서 가장 작은 단위분수는 무엇입니까?

$$\frac{1}{6} < \boxed{}$$

(   )

9 숫자 카드 4장 중에서 2장을 뽑아 만들 수 있는 가장 큰 단위분수는 무엇입니까?

$$\boxed{1} \quad \boxed{3} \quad \boxed{5} \quad \boxed{7}$$

(   )

서술형

10 상현이와 서정이는 똑같은 컵에 우유를 따라 마셨습니다. 상현이는 한 컵의 $\frac{1}{3}$ 을 마셨고, 서정이는 한 컵의 $\frac{1}{5}$ 을 마셨습니다. 우유를 더 많이 마신 사람은 누구입니까?

정답 ○ _____

풀이 과정 ○ _____

_____

서술형

11 ㉠, ㉡ 중에서 더 큰 분수는 어느 것입니까?

> · $\frac{5}{7}$ 는 ㉠이 5개인 수
>
> · $\frac{7}{9}$ 은 ㉡이 7개인 수

정답 ○ _____

풀이 과정 ○ _____

_____

서술형

12 조건을 모두 만족하는 분수를 구하시오.

> · 단위분수 3개가 모여야 합니다.
> · 분자와 분모의 합이 10입니다.
> · $\frac{1}{7}$ 보다는 크고, $\frac{5}{7}$ 보다는 작아야 합니다.

정답 ○ _____

풀이 과정 ○ _____

_____

크기가 같은 분수

1 그림을 이용하여 크기가 같은 분수 알아보기

• $\frac{1}{2}$: 전체를 똑같이 2로 나눈 것 중의 1

→ 하나를 2등분한 것 중의 1개

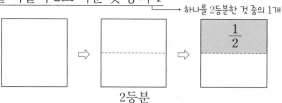

2등분

$\frac{1}{2}$

• $\frac{2}{4}$: 전체를 똑같이 4로 나눈 것 중의 2

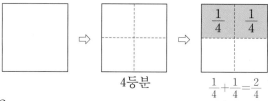

4등분

$\frac{1}{4}$ $\frac{1}{4}$

$\frac{1}{4} + \frac{1}{4} = \frac{2}{4}$

➡ $\frac{1}{2} = \frac{2}{4}$

2 수직선을 이용하여 크기가 같은 분수 알아보기

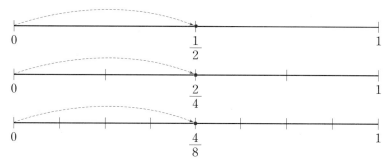

➡ $\frac{1}{2} = \frac{2}{4} = \frac{4}{8}$

---

1 $\frac{1}{1}$과 같은 분수도 있을까요?

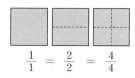

$\frac{1}{1} = \frac{2}{2} = \frac{4}{4}$

$\frac{1}{1}$은 1이므로 전체를 의미합니다.

2 $\frac{1}{2} = \frac{2}{4} = \frac{3}{6}$

➡ 피자 한 판을 2등분한 다음 한 조각을 먹는 것과 피자 한 판을 4등분한 다음 두 조각을 먹는 것은 같은 양의 피자를 먹는 것입니다. 이것은 피자 한 판을 6등분한 다음 세 조각을 먹는 것과 같습니다.

v 크기가 같은 분수는 무수히 많습니다.

$\frac{1}{2} = \frac{2}{4} = \frac{3}{6} = \frac{4}{8} = \frac{5}{10}$
$= \frac{6}{12} = \frac{7}{14} = \frac{8}{16}$
$= \cdots$

깊은생각

• 분모와 분자에 각각 0이 아닌 같은 수를 곱하면 같은 크기의 분수가 됩니다.

$$\frac{1}{2} = \frac{1 \times 2}{2 \times 2} = \frac{2}{4} = \frac{1 \times 3}{2 \times 3} = \frac{3}{6} = \frac{1 \times 4}{2 \times 4} = \frac{4}{8}$$

• 분모와 분자를 각각 0이 아닌 같은 수로 나누면 같은 크기의 분수가 됩니다.

$$\frac{4}{8} = \frac{4 \div 2}{8 \div 2} = \frac{2}{4} = \frac{4 \div 4}{8 \div 4} = \frac{1}{2}$$

바로! 확인문제

정답/풀이 → 15쪽

1 ☐ 안에 알맞은 수를 써넣으시오.

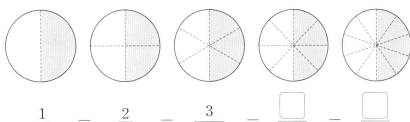

$$\frac{1}{2} \;=\; \frac{2}{4} \;=\; \frac{3}{\boxed{}} \;=\; \frac{\boxed{}}{\boxed{}} \;=\; \frac{\boxed{}}{\boxed{}}$$

2 오른쪽 그림에 색칠하고, ☐ 안에 알맞은 수를 써넣으시오.

(1) $\dfrac{1}{4} = \dfrac{\boxed{}}{\boxed{}}$

(2) $\dfrac{3}{4} = \dfrac{\boxed{}}{\boxed{}}$

3 ☐ 안에 알맞은 수를 써넣으시오.

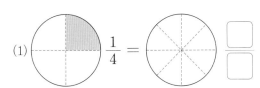

(1) $\dfrac{1}{3} = \dfrac{\boxed{}}{6}$ (×☐ / ×☐)

(2) $\dfrac{3}{5} = \dfrac{6}{\boxed{}}$ (×☐ / ×☐)

(3) $\dfrac{2}{4} = \dfrac{1}{\boxed{}}$ (÷☐ / ÷☐)

(4) $\dfrac{6}{8} = \dfrac{3}{\boxed{}}$ (÷☐ / ÷☐)

4 ☐ 안에 알맞은 수를 써넣으시오.

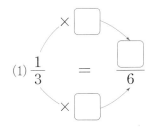

(1) $\dfrac{2}{3} = \dfrac{2\times2}{3\times2} = \dfrac{\boxed{}}{\boxed{}}$

(2) $\dfrac{6}{18} = \dfrac{6\div2}{18\div2} = \dfrac{\boxed{}}{\boxed{}}$

1 왼쪽 그림에 색칠된 분수만큼 오른쪽 그림에 색칠하시오.

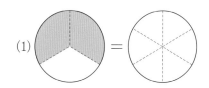

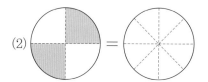

2 주어진 분수만큼 색칠하고, ◯ 안에 >, =, < 중에서 알맞은 것을 써넣으시오.

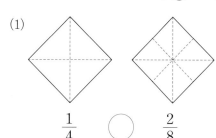

$\dfrac{1}{4}$ ◯ $\dfrac{2}{8}$

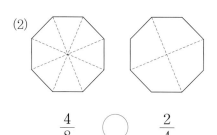

$\dfrac{4}{8}$ ◯ $\dfrac{2}{4}$

3 ▢ 안에 알맞은 수를 써넣고, 등호가 성립하도록 그림에 색칠하시오.

(1) $\dfrac{▢}{▢}$ =

(2) $\dfrac{▢}{▢}$ =

4 두 수직선에 나타낸 분수의 크기를 비교하려고 합니다. ▢ 안에 알맞은 수를, ◯ 안에 $>$, $=$, $<$ 중에서 알맞은 것을 써넣으시오.

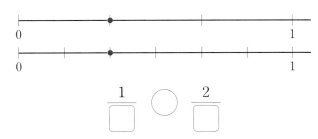

$$\dfrac{1}{\boxed{}} \bigcirc \dfrac{2}{\boxed{}}$$

5 같은 크기의 분수를 만들기 위해 분자와 분모에 어떤 수를 곱하고, 분자와 분자를 어떤 수로 나누었는지 구하시오.

(1) $\dfrac{1}{5}=\dfrac{1\times2}{5\times2}=\dfrac{2}{10}$ ( )

(2) $\dfrac{8}{24}=\dfrac{8\div4}{24\div4}=\dfrac{2}{6}$ ( )

6 ▢ 안에 알맞은 수를 써넣으시오.

(1) $\dfrac{1}{3}=\dfrac{8}{\boxed{}}$

(2) $\dfrac{2}{4}=\dfrac{\boxed{}}{16}$

(3) $\dfrac{15}{20}=\dfrac{\boxed{}}{4}$

(4) $\dfrac{20}{24}=\dfrac{5}{\boxed{}}$

1 그림을 보고 ☐ 안에 알맞은 수를 써넣으시오.

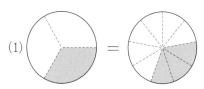

(1) $\dfrac{1}{\boxed{}} = \dfrac{3}{\boxed{}}$

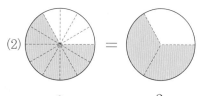

(2) $\dfrac{8}{12} = \dfrac{2}{\boxed{}}$

2 수직선에 $\dfrac{6}{8}$ 지점과 $\dfrac{3}{4}$ 지점을 표시하고, ◯ 안에 >, =, < 중에서 알맞은 것을 써넣으시오.

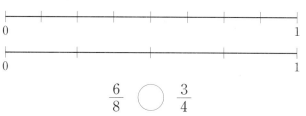

$\dfrac{6}{8}$ ◯ $\dfrac{3}{4}$

3 두 분수가 같은 분수이면 ◯표, 다른 분수이면 ✕표 하시오.

(1) $\dfrac{2}{3}$ $\dfrac{4}{6}$

(   )

(2) $\dfrac{3}{6}$ $\dfrac{1}{3}$

(   )

4 분모와 분자에 0이 아닌 같은 수를 곱하여 크기가 같은 분수를 만들려고 합니다. ⬜ 안에 알맞은 수를 써넣으시오.

(1) $\dfrac{1}{3} = \dfrac{1 \times 2}{3 \times \boxed{}} = \dfrac{\boxed{}}{\boxed{}}$

(2) $\dfrac{\boxed{}}{3} = \dfrac{\boxed{} \times 4}{3 \times 4} = \dfrac{8}{\boxed{}}$

(3) $\dfrac{3}{5} = \dfrac{3 \times \boxed{}}{5 \times \boxed{}} = \dfrac{12}{\boxed{}}$

(4) $\dfrac{5}{\boxed{}} = \dfrac{5 \times 3}{\boxed{} \times 3} = \dfrac{\boxed{}}{21}$

5 분자와 분모를 0이 아닌 같은 수로 나누어 크기가 같은 분수를 만들려고 합니다. ⬜ 안에 알맞은 수를 써넣으시오.

(1) $\dfrac{4}{10} = \dfrac{4 \div 2}{10 \div \boxed{}} = \dfrac{\boxed{}}{\boxed{}}$

(2) $\dfrac{\boxed{}}{16} = \dfrac{\boxed{} \div 2}{16 \div 2} = \dfrac{4}{\boxed{}}$

(3) $\dfrac{12}{18} = \dfrac{12 \div \boxed{}}{18 \div \boxed{}} = \dfrac{2}{\boxed{}}$

(4) $\dfrac{11}{\boxed{}} = \dfrac{11 \div 11}{\boxed{} \div 11} = \dfrac{\boxed{}}{3}$

6 ⬜ 안에 알맞은 수를 써 넣으시오.

(1) $\dfrac{3}{4} = \dfrac{\boxed{}}{8} = \dfrac{9}{\boxed{}} = \dfrac{\boxed{}}{16} = \dfrac{15}{\boxed{}}$

(2) $\dfrac{32}{48} = \dfrac{16}{\boxed{}} = \dfrac{\boxed{}}{12} = \dfrac{4}{\boxed{}} = \dfrac{\boxed{}}{3}$

7 크기가 같은 분수끼리 선을 그어 연결하시오.

$\dfrac{1}{5}$ •

$\dfrac{11}{22}$ •

$\dfrac{9}{27}$ •

$\dfrac{4}{7}$ •

• $\dfrac{8}{14}$

• $\dfrac{3}{9}$

• $\dfrac{2}{10}$

• $\dfrac{1}{2}$

8 □ 안에 들어갈 알맞은 수를 구하시오.

> 전체를 똑같이 3으로 나눈 것 중의 1은 전체를 똑같이 9로 나눈 것
> 중의 □과 같습니다.

(   )

9 지혜, 하랑, 태식이가 각각 피자 한 판을 다음과 같이 먹었습니다. 세 사람 중에서 다른 두 사람보다 더 많이 먹은 사람은 누구입니까? (그림에서 색칠된 부분은 먹고 남은 피자의 양입니다.)

지혜   하랑   태식

(   )

서술형

10 크기가 같은 두 분수를 찾고, 그 이유를 적으시오.

$$\frac{3}{5} \quad \frac{4}{6} \quad \frac{5}{7} \quad \frac{5}{8} \quad \frac{8}{12}$$

정답 ○ _____

이유 ○ _____

_____

서술형

11 조건을 모두 만족하는 분수를 구하시오.

- $\frac{3}{4}$과 크기가 같습니다.
- 분자와 분모의 합이 21입니다.

정답 ○ _____

풀이 과정 ○ _____

_____

서술형

12 □ 안에 들어갈 수 있는 자연수를 모두 구하시오.

$$\frac{\square}{4} < \frac{6}{8}$$

정답 ○ _____

풀이 과정 ○ _____

_____

단원 총정리

1 분수의 의미

전체

전체

➡ 전체의 $\frac{2}{3}$

➡ $\dfrac{(부분의\ 수)}{(전체를\ 똑같이\ 나눈\ 수)}$ 를 분수라 하고, $\dfrac{(분자)}{(분모)}$ 로 씁니다.

1 전체는 항상 1로 생각합니다. 즉, 분수는 1을 기준으로 전체에서 부분이 차지하는 정도를 나타냅니다.

2 분수의 크기 비교

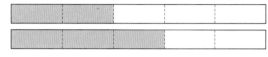

➡ $\dfrac{2}{5} < \dfrac{3}{5}$

➡ 분모가 같을 때, 분자가 클수록 큰 수입니다.

➡ $\dfrac{2}{5} \bigcirc \dfrac{3}{5}$ → (분모 : 5로 같다) → (분자 : 2<3) → $\dfrac{2}{5} \lessgtr \dfrac{3}{5}$

2 $\dfrac{2}{5}$ 는 $\dfrac{1}{5}$ 이 2개이고 $\dfrac{3}{5}$ 은 $\dfrac{1}{5}$ 이 3개이므로 $\dfrac{2}{5} < \dfrac{3}{5}$ 입니다.

3 단위분수와 크기 비교

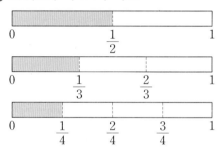

0     $\frac{1}{2}$ 1

0    $\frac{1}{3}$ $\frac{2}{3}$ 1

0   $\frac{1}{4}$ $\frac{2}{4}$ $\frac{3}{4}$ 1

➡ $\dfrac{1}{2}$, $\dfrac{1}{3}$, $\dfrac{1}{4}$, …과 같이 분자가 1인 분수를 '단위분수'라고 합니다.

➡ 단위분수는 분모가 작을수록 더 큽니다.

➡ $\dfrac{1}{4} \bigcirc \dfrac{1}{3}$ → (분자 : 1로 같다) → (분모 : 3<4) → $\dfrac{1}{4} \lessgtr \dfrac{1}{3}$

3 ■ < ●이면 $\dfrac{1}{■} > \dfrac{1}{●}$ 입니다.

즉, 단위분수는 분자가 1로 같으므로 분모가 작을수록 더 큽니다.

4 크기가 같은 분수는 무수히 많습니다.

4 크기가 같은 분수

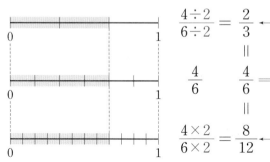

$$\dfrac{4 \div 2}{6 \div 2} = \dfrac{2}{3}$$

$$\dfrac{4}{6} \quad \dfrac{4}{6}$$

$$\dfrac{4 \times 2}{6 \times 2} = \dfrac{8}{12}$$

➡ 분모와 분자를 0이 아닌 같은 수로 나누어도 크기는 같습니다.

➡ 분모와 분자에 0이 아닌 같은 수를 곱해도 크기는 같습니다.

5 분모와 분자를 0이 아닌 같은 수로 나누어 간단히 하는 것을 '약분'이라고 합니다.

$$\dfrac{6}{12} \ \overset{\div 3}{=} \ \dfrac{2}{4} \ \overset{\div 2}{=} \ \dfrac{1}{2}$$

$$\div 6$$

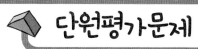

1   똑같이 나누어진 도형을 찾아 ○표 하시오.

    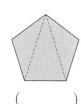

(   )   (   )

2   그림을 보고 ⬜ 안에 알맞은 수를 써넣으시오.

색칠한 부분은 전체를 똑같이 ⬜으로 나눈 것 중의 ⬜이므로 ⬜/⬜ 이다.

3   상현이와 서정이는 $\frac{2}{5}$ 를 그림과 같이 색칠하였습니다. 옳게 색칠한 사람은 누구입니까?

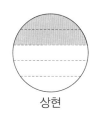   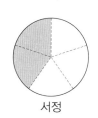

상현   서정

(   )

4   전체의 $\frac{4}{6}$ 만큼 도형에 색칠하시오.

5 색칠한 부분과 색칠하지 않은 부분을 분수로 쓰시오.

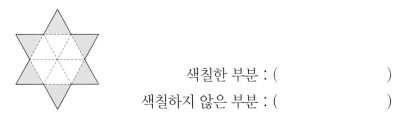

색칠한 부분 : (   )

색칠하지 않은 부분 : (   )

6 그림을 보고 두 분수의 크기를 비교하여 ◯ 안에 >, =, < 중에서 알맞은 것을 써넣으시오.

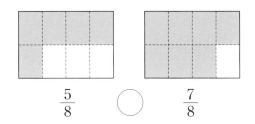

$\dfrac{5}{8}$ ◯ $\dfrac{7}{8}$

7 주어진 분수만큼 색칠하고, ◯ 안에 >, =, < 중에서 알맞은 것을 써넣으시오.

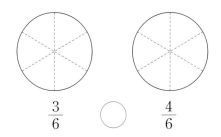

$\dfrac{3}{6}$ ◯ $\dfrac{4}{6}$

8 그림을 보고 ☐ 안에 알맞은 수를, ◯ 안에 >, =, < 중에서 알맞은 것을 써넣으시오.

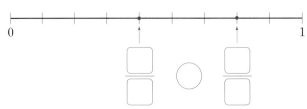

9 분수 중에서 가장 큰 분수와 가장 작은 분수를 구하시오.

$$\frac{2}{14} \qquad \frac{6}{14} \qquad \frac{9}{14} \qquad \frac{12}{14} \qquad \frac{13}{14}$$

가장 큰 분수 : (   )

가장 작은 분수 : (   )

10 분수 중에서 단위분수에 ◯표 하고, 단위분수 중에서 가장 큰 수를 구하시오.

$$\frac{1}{3} \qquad \frac{1}{4} \qquad \frac{2}{6} \qquad \frac{1}{7} \qquad \frac{10}{11}$$

(   )

11 ⬜ 안에 알맞은 수를 써넣으시오.

$\frac{10}{14}$ 은 $\frac{1}{14}$ 이 ⬜ 개입니다.

12 조건을 만족하는 분수는 모두 몇 개인지 구하시오.

- $\frac{1}{15}$ 보다 큰 수입니다.
- 분자는 1입니다.
- 분모는 2보다 큽니다.

(   )개

13 수정이는 케익을 똑같이 7조각으로 잘라 그 중에서 2조각을 정국이에게 주고 3조각을 태형이에게 주었습니다. 남아있는 케익은 전체의 얼마인지 분수로 나타내시오.

( )

14 ㉠과 ㉡에 알맞은 수의 합을 구하시오.

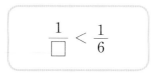

$$\frac{3}{4} = \frac{㉠}{12}, \qquad \frac{10}{15} = \frac{㉡}{3}$$

( )

15 2부터 9까지의 자연수 중에서 □ 안에 들어갈 수 있는 수는 모두 몇 개입니까?

$$\frac{1}{\Box} < \frac{1}{6}$$

( )개

서술형

16 건이와 창규는 우유를 나누어 마시기로 했습니다. 건이는 전체의 $\frac{4}{6}$ 를 마시고 나머지는 창규가 마셨습니다. 우유를 더 많이 마신 사람은 누구입니까?

정답 ○ _____

풀이 과정 ○ _____

_____

서술형

17 조건을 만족하는 분수는 모두 몇 개인지 구하시오.

- $\frac{2}{3}$ 와 크기가 같습니다.
- 분모는 4부터 9까지의 수입니다.

정답 ○ _____ 개

풀이 과정 ○ _____

_____

서술형

18 다음과 같은 규칙으로 분수를 늘어놓을 때, $\frac{10}{10}$ 은 몇 번째의 수인지 구하시오.

$$\frac{1}{1}, \quad \frac{1}{2}, \quad \frac{2}{2}, \quad \frac{1}{3}, \quad \frac{2}{3}, \quad \frac{3}{3}, \quad \frac{1}{4}, \quad \cdots$$

정답 ○ _____ 번째

풀이 과정 ○ _____

_____

MEMO

II

3학년 2학기 분수편

DAY 08 부분과 전체의 양을 비교하여 나타내기

DAY 09 분수만큼은 전체의 얼마인지 알아보기(1)

DAY 10 분수만큼은 전체의 얼마인지 알아보기(2)

DAY 11 진분수, 가분수, 자연수

DAY 12 대분수

DAY 13 대분수를 가분수로 나타내기

DAY 14 가분수를 대분수로 나타내기

DAY 15 분모가 같은 분수의 크기 비교

DAY 16 단원 총정리

부분과 전체의 양을 비교하여 나타내기

1 전체(여러 개)를 똑같이 나누고, 부분은 전체의 얼마인지 이해하기

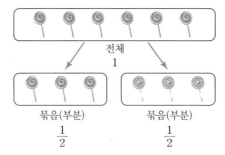

➡ 사탕 6개를 똑같이 2묶음(부분)으로 나누면 1묶음(부분)은 3개입니다.

➡ 1묶음은 전체를 똑같이 2로 나눈 것 중의 1이므로 전체의 $\frac{1}{2}$ 입니다.

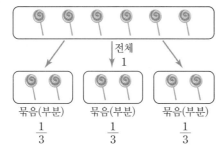

➡ 사탕 6개를 똑같이 3묶음(부분)으로 나누면 1묶음(부분)은 2개입니다.

➡ 2묶음은 전체를 똑같이 3으로 나눈 것 중의 2이므로 전체의 $\frac{2}{3}$ 입니다.

2 부분을 전체의 얼마인지 분수로 나타내기

➡ 색칠한 부분은 4묶음 중에서 3묶음이므로 전체의 $\frac{3}{4}$ 입니다.

➡ 부분은 전체의 $\dfrac{(\text{부분 묶음의 개수})}{(\text{전체 묶음의 개수})}$ 입니다.

1 사탕 6개를 똑같이 3묶음 으로 나누었을 때
(1) 1개의 묶음에는 2개의 사 탕이 있습니다.
(2) 2개의 묶음에는 4개의 사 탕이 있습니다.

2 $\frac{1}{■}$ 이 ▲개이면 $\frac{▲}{■}$ 입니다.

예를 들어 $\frac{3}{4}$ 은 $\frac{1}{4}$ 이 3개인

수입니다.

$$\frac{1}{4}+\frac{1}{4}+\frac{1}{4}=\frac{3}{4}$$

v $\frac{1}{2}+\frac{1}{2}=\frac{2}{2}=1$

$$\frac{1}{3}+\frac{1}{3}+\frac{1}{3}=\frac{3}{3}=1$$

$$\frac{1}{4}+\frac{1}{4}+\frac{1}{4}+\frac{1}{4}=\frac{4}{4}=1$$

 깊은생각

● 분수는 무조건 1개를 여러 개로 똑같이 나눈다고 생각하는 학생들이 있습니다. 잘못된 생각입니다.
　'전체'를 똑같이 나눈다고 생각해야 합니다. 즉, 전체가 1개인 경우도 있지만 1개가 아닌 여러 개인 경우가 있 습니다.

전체가 1개인 경우

 $\frac{1}{4}$

전체를 똑같이 나눈다고 생각해야 합니다. 즉, 전체가 1개인 경우도 있지만 1개가 아닌 여러 개인 경우가 있

전체가 여러 개인 경우

$\frac{1}{4}$

전체(1)을 4등분한 것 중의 1 ➡ $\frac{1}{4}$　　　　전체(12개)를 4등분한 것 중의 1개 ➡ $\frac{1}{4}$ (3개)

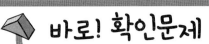
1 삼각형 12개를 선을 그려 2묶음, 3묶음, 4묶음으로 나누면 각 묶음에 있는 삼각형은 모두 몇 개인지 구하시오.

2 전체는 몇 묶음으로 나뉘었는지, 그 중에서 색칠한 부분은 몇 묶음인지 구하시오.

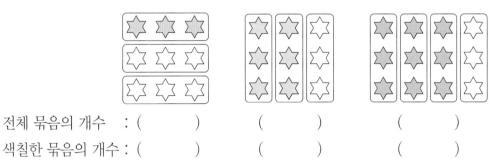

전체 묶음의 개수　: (　　　　　)　　　(　　　　　)　　　(　　　　　)
색칠한 묶음의 개수 : (　　　　　)　　　(　　　　　)　　　(　　　　　)

3 주어진 분수만큼 색칠하시오.

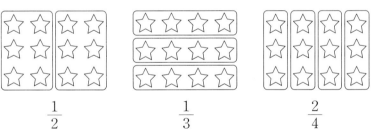

4 색칠한 부분은 전체의 몇 분의 몇인지 구하시오.

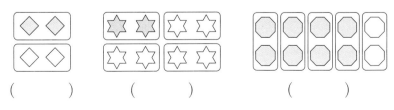

(　　　　　)　　　(　　　　　)　　　(　　　　　)

1 빵 12개를 다음과 같은 조건으로 똑같이 나누시오.

(1) 3묶음으로 나눈다.

(2) 4명에게 나누어 준다.

2 딸기 6개를 똑같이 나누고 부분은 전체의 얼마인지 알아보려고 합니다.

(1) 딸기 6개를 똑같이 3묶음으로 나누어 보시오.

(2) 딸기 6개를 똑같이 3묶음으로 나누면 1묶음에 있는 딸기는 모두 ☐ 개입니다.

(3) 부분  은 전체  를 똑같이 ☐ 묶음으로 나눈 것

중의 ☐ 묶음입니다.

3 사과 12개를 똑같이 나누고 부분은 전체의 얼마인지 알아보려고 합니다.

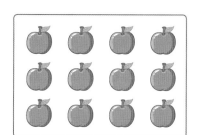

(1) 사과 12개를 4개씩 묶어 보시오.

(2) 사과 12개를 4개씩 묶으면 모두 ☐ 묶임이 됩니다.

(3) 사과 4개는 ☐ 묶음 중의 ☐ 묶음이므로 전체의 $\dfrac{☐}{☐}$ 입니다.

4 색칠한 부분은 전체의 몇 분의 몇입니까? ⬚ 안에 알맞은 수를 써넣으시오.

(1) 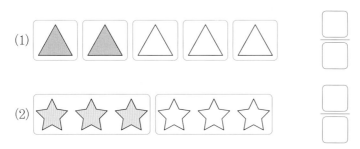 ⬚/⬚

(2) 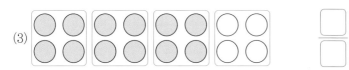 ⬚/⬚

(3)  ⬚/⬚

5 그림을 보고 ⬚ 안에 알맞은 수를 써넣으시오.

(1)  빨간 사과 : ⬚/⬚, 파란 사과 : ⬚/⬚

(2) 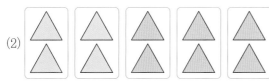 파란색 삼각형 : ⬚/⬚, 보라색 삼각형 : ⬚/⬚

6 그림을 보고 ⬚ 안에 알맞은 수를 써넣으시오.

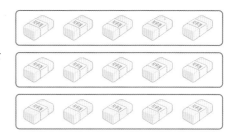

(1) 지우개 15개를 똑같이 3묶음으로 나누면 1묶음에 있는

　지우개는 모두 ⬚ 개입니다.

(2) 5는 15의 ⬚/⬚ 입니다.

(3) 10은 15의 ⬚/⬚ 입니다.

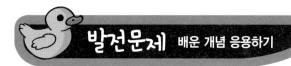

1 빵 6개를 다음과 같은 조건으로 똑같이 나누시오.

(1) 3묶음으로 나눈다.

(2) 2명에게 나누어 준다.

2 다음과 같은 조건으로 똑같이 나누고, 하나의 묶음에는 몇 개의 도형이 있는지 구하시오.

(1) 6을 3등분합니다.

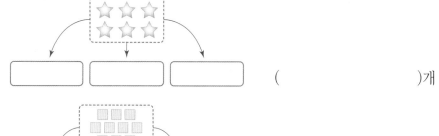

(   )개

(2) 10을 2등분합니다.

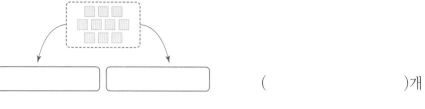

(   )개

3 사과 12개를 똑같이 3묶음으로 나누었습니다.

(1) 한 묶음에 있는 사과는 모두 ☐ 개입니다.

(2) 부분 🍎🍎🍎🍎 은

전체  를 똑같이 ☐ 으로 나눈 것 중의

☐ 이므로 전체의 $\frac{\square}{\square}$ 입니다.

4 색칠한 부분을 분수로 나타내려고 합니다.

(1) 전체는 몇 묶음인가요? ( )묶음

(2) 색칠한 묶음은 몇 개인가요? ( )개

(3) 색칠한 부분을 분수로 나타내면 얼마인가요? ( )

5 그림을 보고 ▢ 안에 알맞은 수를 써넣으시오.

(1)

전체 묶음의 개수 : ▢

색칠한 묶음의 개수 : ▢

➡ 색칠한 부분은 전체의 ▢/▢ 이다.

(2)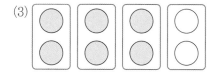

전체 묶음의 개수 : ▢

색칠한 묶음의 개수 : ▢

➡ 색칠한 부분은 전체의 ▢/▢ 이다.

(3)

전체 묶음의 개수 : ▢

색칠한 묶음의 개수 : ▢

➡ 색칠한 부분은 전체의 ▢/▢ 이다.

6 그림을 보고 ☐ 안에 알맞은 수를 써넣으시오.

(1) 20을 10씩 묶으면 10은 20의 ☐/☐ 입니다.

(2) 20을 4씩 묶으면 4는 20의 ☐/☐ 입니다.

7 그림을 보고 ☐ 안에 알맞은 수를 써넣으시오.

(1) 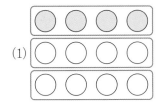 4는 ☐의 ☐/☐ 입니다.

(2) 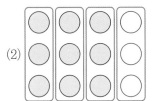 ☐는 ☐의 $\dfrac{3}{☐}$ 입니다.

8 주어진 수를 그림으로 표현하려고 합니다. 선으로 묶고 색칠하시오.

(1) 12의 $\dfrac{4}{6}$

(2) 15의 $\dfrac{3}{5}$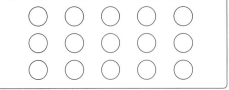

정답/풀이 ➜ 24쪽

서술형

9 ㉠과 ㉡에 알맞은 수의 합을 구하시오.

> • 5는 12의 $\dfrac{㉠}{12}$입니다.
>
> • 20을 5씩 묶으면 15는 20의 $\dfrac{㉡}{4}$입니다.

정답 _____

풀이 과정 _____

서술형

10 태식이 아버지께서는 하루의 $\dfrac{1}{3}$을 회사에서 근무하십니다. 태식이 아버지께서 회사에서 근무하는 시간은 하루에 몇 시간인지 구하시오.

정답 _____ 시간

풀이 과정 _____

서술형

11 상현이는 생일날 친구 2명을 집으로 초대했습니다. 과자 27개를 똑같이 접시 3개에 나누어 담은 후에 세 사람이 1접시씩 먹었다면 상현이가 먹은 과자는 모두 몇 개인지 구하시오.

정답 _____ 개

풀이 과정 _____

분수만큼은 전체의 얼마인지 알아보기(1)

1 전체를 똑같이 나눌 때, 부분은 전체의 얼마인지 알아보기

- 사탕 8개를 똑같이 4묶음으로 나누어 보세요.

➡ 1묶음에는 사탕이 모두 몇 개 있습니까?　　　　　(2)개

➡ 8의 $\frac{1}{4}$은 8을 똑같이 4묶음으로 나눈 것 중의 1묶음이므로 2입니다.

➡ 8의 $\frac{2}{4}$는 8을 똑같이 4묶음으로 나눈 것 중의 2묶음이므로 4입니다.

➡ 8의 $\frac{3}{4}$은 8을 똑같이 4묶음으로 나눈 것 중의 3묶음이므로 6입니다.

➡ 8의 $\frac{1}{4}$ → 2, 8의 $\frac{2}{4}$ → 4, 8의 $\frac{3}{4}$ → 6

2 전체의 부분만큼의 값 이해하기

(1) 전체의 분수만큼의 값은 전체를 분모로 나눈 것이 분자의 개수만큼 있다는 뜻입니다.

➡ 6의 $\frac{2}{3}$는 6을 분모 3으로 나눈 것이 2개만큼 있으므로 4입니다.

(2) 전체의 값이 바뀌면 분수만큼의 값도 바뀝니다.

➡ 2의 $\frac{1}{2}$ → 1, 4의 $\frac{1}{2}$ → 2, 8의 $\frac{1}{2}$ → 4

(3) 전체가 1일 때 분수만큼의 값은 분수의 값과 같습니다.

➡ 1의 $\frac{1}{2}$ → $\frac{1}{2}$, 1의 $\frac{2}{3}$ → $\frac{2}{3}$

---

1 사탕 6개를 똑같이 3묶음으로 나누었을 때

(1) 1개의 묶음에는 2개의 사탕이 있습니다.

➡ 6의 $\frac{1}{3}$ → 2

(2) 2개의 묶음에는 4개의 사탕이 있습니다.

➡ 6의 $\frac{2}{3}$ → 4

2 (1) ■의 $\frac{1}{●}$은

■ × $\frac{1}{●}$입니다.

(2) ■ × $\frac{1}{●}$ = ■ ÷ ●

입니다.

예를 들어 8의 $\frac{1}{4}$은

$8 × \frac{1}{4} = 8 ÷ 4 = 2$입니다.

v $\frac{1}{■}$이 ▲개이면 $\frac{▲}{■}$입니다.

예를 들어 $\frac{4}{3}$는 $\frac{1}{3}$이 4개인 수입니다.

🚜 **깊은생각**

- '10의 $\frac{2}{5}$'를 좀 더 깊게 생각해 봅시다.

➡ '10을 똑같이 5묶음으로 나눈 것 중의 2묶음이다.'

➡ 이것은 10을 5로 나눈 것이 2개가 있다는 뜻입니다.

➡ $(10 ÷ 5) × 2 = 4$　➡ $2 × 2 = 4$

| ■의 $\frac{▲}{●}$ ➡ (■ ÷ ●) × ▲ |
| 괄호 안을 먼저 계산합니다. |
| 10의 $\frac{2}{5}$ ➡ (10 ÷ 5) × 2 = 4 |

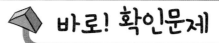 바로! 확인문제

정답/풀이 ➡ 25쪽

1 오각형 10개를 선을 그려 5묶음으로 나누었습니다.

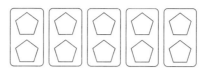

다음 묶음에는 오각형이 몇 개 있는지 빈 칸에 알맞은 수를 써넣으시오.

묶음	1묶음	2묶음	3묶음	4묶음	5묶음
오각형의 개수	2개	( )개	( )개	( )개	( )개

2 별 모양의 도형 15개를 선을 그려 5묶음으로 나누었습니다.

그림을 보고 빈 칸에 알맞은 수를 써 넣으시오.

15의 $\frac{1}{5}$	15의 $\frac{2}{5}$	15의 $\frac{3}{5}$	15의 $\frac{4}{5}$	15의 $\frac{5}{5}$
3				

3 ⬜ 안에 알맞은 수를 써넣으시오.

(1) 6의 $\frac{1}{2}$ ➡ $6 \times \frac{1}{2} = 6 \div \boxed{} = \boxed{}$

(2) 8의 $\frac{1}{4}$ ➡ $8 \times \frac{1}{4} = 8 \div \boxed{} = \boxed{}$

4 ⬜ 안에 알맞은 수를 써넣으시오.

(1) $\frac{3}{4}$ 은 $\frac{1}{4}$ 이 $\boxed{}$ 개입니다.

(2) $\frac{4}{5}$ 는 $\frac{1}{\boxed{}}$ 이 4개입니다.

1 전체의 분수만큼은 얼마인지 알아보시오.

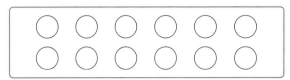

(1) 전체의 $\frac{1}{4}$만큼을 색칠해 보시오.

(2) 12의 $\frac{1}{4}$은 얼마입니까? ( )

(3) 12의 $\frac{2}{4}$는 얼마입니까? ( )

(4) 12의 $\frac{3}{4}$은 얼마입니까? ( )

2 그림을 보고 ☐ 안에 알맞은 수를 써넣으시오.

(1) 8의 $\frac{1}{4}$은 ☐입니다.

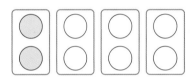

(2) 15의 $\frac{3}{5}$은 ☐입니다.

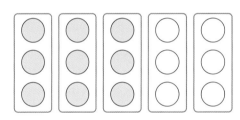

3 그림을 보고 ☐ 안에 알맞은 수를 써넣으시오.

(1) 15의 $\frac{1}{3}$은 ☐입니다.

(2) 15의 $\frac{2}{3}$는 ☐입니다.

(3) 15의 $\frac{3}{3}$은 ☐입니다.

4 그림을 보고 ▢ 안에 알맞은 수를 써넣으시오.

(1) 10의 $\dfrac{\square}{5}$는 8입니다.

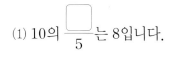

(2) 18의 $\dfrac{\square}{6}$는 12입니다.

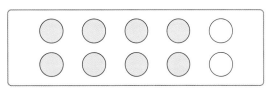

5 다음 수 중에서 크기가 다른 하나를 찾아 기호를 쓰시오.

> ㉠ 16의 $\dfrac{7}{8}$ ㉡ 21의 $\dfrac{2}{3}$ ㉢ 32의 $\dfrac{3}{4}$

(   )

6 다음 예시와 같이 나눗셈을 이용하여 ▢ 안에 알맞은 수를 써넣으시오.

> 8의 $\dfrac{1}{4}$은 2입니다.   ➡ $8 \div 4 = 2$

(1) 10의 $\dfrac{1}{5}$은 ▢입니다.   ➡ $10 \div 5 = \square$

(2) 12의 $\dfrac{1}{4}$은 ▢입니다.   ➡ $12 \div 4 = \square$

1 전체의 분수만큼은 얼마인지 알아보시오.

(1) 전체의 $\frac{1}{6}$ 만큼을 색칠해 보시오.

(2) 18의 $\frac{1}{6}$ 은 얼마입니까?

(   )

(3) 18의 $\frac{2}{6}$ 는 얼마입니까?   (   )

(4) 18의 $\frac{3}{6}$ 은 얼마입니까?   (   )

2 그림을 보고 ⬜ 안에 알맞은 수를 써넣으시오.

(1) 12의 $\frac{1}{6}$ 은 ⬜ 입니다.

(2) 15의 $\frac{1}{3}$ 은 ⬜ 입니다.

3 다음 예시와 같이 자연수의 분수만큼을 구하려고 합니다. ⬜ 안에 알맞은 수를 써넣으시오.

12의 $\frac{1}{4}$ 은 3입니다. ➡ 12의 $\frac{1}{4}$ 은 12÷4＝3입니다.

(1) 15의 $\frac{1}{5}$ 은 ⬜ 입니다.   ➡ 15의 $\frac{1}{5}$ 은 15÷⬜＝⬜ 입니다.

(2) 30의 $\frac{1}{10}$ 은 ⬜ 입니다.   ➡ 30의 $\frac{1}{10}$ 은 30÷⬜＝⬜ 입니다.

4 그림을 보고 ⬜ 안에 알맞은 수를 써넣으시오.

(1) 12의 $\frac{4}{6}$는 ⬜입니다.

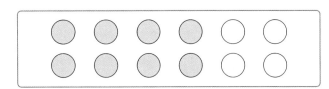

(2) 14의 $\frac{3}{7}$은 ⬜입니다.

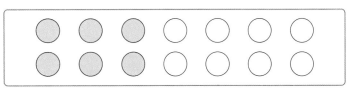

5 그림을 보고 ⬜ 안에 알맞은 수를 써넣으시오.

(1) 8의 $\frac{⬜}{4}$은 6입니다.

(2) 12의 $\frac{⬜}{6}$는 10입니다.

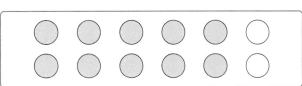

6 ⬜ 안에 알맞은 수를 써넣으시오.

(1) 12의 $\frac{1}{6}$은 ⬜입니다. ➡ $\frac{5}{6}$는 $\frac{1}{6}$이 ⬜개입니다.

➡ 12의 $\frac{5}{6}$는 ⬜입니다.

(2) 16의 $\frac{1}{4}$은 ⬜입니다. ➡ $\frac{3}{4}$은 $\frac{1}{4}$이 ⬜개입니다.

➡ 16의 $\frac{3}{4}$은 ⬜입니다.

7 다음 값을 구하시오.

(1) 12의 $\frac{2}{3}$ ( )

(2) 18의 $\frac{2}{3}$ ( )

(3) 20의 $\frac{4}{5}$ ( )

(4) 30의 $\frac{4}{5}$ ( )

8 ★의 $\frac{1}{5}$이 3일 때, ★의 $\frac{4}{5}$는 얼마입니까?

( )

9 다음 예시와 같이 자연수의 분수만큼을 구하려고 합니다. ☐ 안에 알맞은 수를 써넣으시오.

> 12의 $\frac{2}{3}$는 ○입니다.
>
> ➡ 12의 $\frac{1}{3}$은 $12 \div 3 = 4$입니다.
>
> ➡ $\frac{2}{3}$는 $\frac{1}{3}$이 2개입니다.
>
> ➡ 12의 $\frac{2}{3}$는 $12 \div 3 \times 2 = 8$입니다.

(1) 9의 $\frac{2}{3}$는 ○입니다.

➡ 9의 $\frac{1}{3}$은 $9 \div \boxed{} = \boxed{}$입니다.

➡ $\frac{2}{3}$는 $\frac{1}{3}$이 $\boxed{}$개입니다.

➡ 9의 $\frac{2}{3}$는 $\boxed{} \div \boxed{} \times \boxed{} = \boxed{}$입니다.

(2) 30의 $\frac{7}{10}$은 ○입니다.

➡ 30의 $\frac{1}{10}$은 $30 \div \boxed{} = \boxed{}$입니다.

➡ $\frac{7}{10}$은 $\frac{1}{10}$이 $\boxed{}$개입니다.

➡ 30의 $\frac{7}{10}$은 $\boxed{} \div \boxed{} \times \boxed{} = \boxed{}$입니다.

서술형

10 "14의 $\frac{3}{7}$ 은 6이다." 그 이유를 설명하시오.

(1) 그림을 이용한 방법

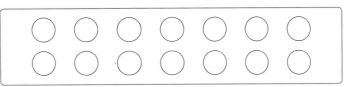

이유 ◯ _____

_____

(2) 식을 이용한 방법

이유 ◯ _____

_____

서술형

11 저녁 반찬으로 소세지 20개가 식탁에 올라왔습니다. 상현이는 그 중에서 $\frac{2}{5}$ 를 먹었습니다. 상현이가 먹은 소세지는 모두 몇 개인지 구하시오.

정답 ◯ _____ 개

풀이 과정 ◯ _____

_____

서술형

12 하랑이는 딸기 45개 중에서 $\frac{1}{5}$ 을 먹었고, 태식이는 하랑이가 먹고 남은 딸기의 $\frac{2}{3}$ 를 먹었습니다. 태식이가 먹은 딸기는 모두 몇 개인지 구하시오.

정답 ◯ _____ 개

풀이 과정 ◯ _____

_____

분수만큼은 전체의 얼마인지 알아보기(2)

1 전체를 똑같이 나눌 때, 부분은 전체의 얼마인지 알아보기

• 길이가 10 cm인 종이띠를 똑같이 5부분으로 나누어 보세요.

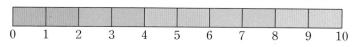

➡ 1부분은 몇 cm입니까?　　　　　　　　　　　　(2) cm

➡ 10 cm의 $\frac{1}{5}$은 10을 똑같이 5부분으로 나눈 것 중의 1부분이므로
2 cm입니다.

➡ 10 cm의 $\frac{2}{5}$는 10을 똑같이 5부분으로 나눈 것 중의 2부분이므로
4 cm입니다.

➡ 10 cm의 $\frac{1}{5}$ → 2 cm, 10 cm의 $\frac{2}{5}$ → 4 cm, 10 cm의 $\frac{3}{5}$ → 6 cm

2 시간에서의 분수 활용

➡ 하루(24시간)의 $\frac{1}{3}$은 8시간입니다.

➡ 하루(24시간)의 $\frac{1}{4}$은 6시간입니다.

---

1 ■의 $\frac{▲}{●}$는
(■ ÷ ●) × ▲입니다.

10의 $\frac{1}{5}$ ➡ (10÷5)×1
　　　➡ 2×1=2

10의 $\frac{2}{5}$ ➡ (10÷5)×2
　　　➡ 2×2=4

10의 $\frac{3}{5}$ ➡ (10÷5)×3
　　　➡ 2×3=6

10의 $\frac{4}{5}$ ➡ (10÷5)×4
　　　➡ 2×4=8

10의 $\frac{5}{5}$ ➡ (10÷5)×5
　　　➡ 2×5=10

2 (하루)=(24시간)
(1시간)=(60분)
(1분)=(60초)

v 1 km=1000 m
1 m=100 cm
1 kg=1000 g

깊은생각

● 하루는 24시간, 1시간은 60분, 1분은 60초입니다.

그렇다면 '$\frac{1}{2}$시간'이라는 표현은 몇 분을 말하는 걸까요?

'1시간의 $\frac{1}{2}$'을 '$\frac{1}{2}$시간'이라고 표현하기도 하므로 $\frac{1}{2}$시간은 30분을 의미합니다.

같은 방법으로 생각하면 '$\frac{2}{3}$분'은 '1분의 $\frac{2}{3}$' → '60초의 $\frac{2}{3}$'이므로 40초입니다.

1 길이가 8 cm인 종이띠를 똑같이 4부분으로 나누었습니다.

0 1 2 3 4 5 6 7 8(cm)

그림을 보고 (   ) 안에 알맞은 수를 써넣으시오.

부분	1부분	3부분	4부분	5부분
끈의 길이	2 cm	( )cm	( )cm	( )cm

2 100원 짜리 동전 5개가 있습니다.

그림을 보고 (   ) 안에 알맞은 수를 써 넣으시오.

500원의 $\frac{1}{5}$	500원의 $\frac{2}{5}$	500원의 $\frac{3}{5}$	500원의 $\frac{4}{5}$	500원의 $\frac{5}{5}$
100원	( )원	( )원	( )원	( )원

3 ☐ 안에 알맞은 수를 써넣으시오.

(1) 1시간의 $\frac{1}{6}$ 은 ☐ 분입니다.

(2) 1 m의 $\frac{1}{10}$ 은 ☐ cm입니다.

4 ☐ 안에 알맞은 수를 써넣으시오.

(1) 1시간의 $\frac{5}{6}$ 는 ☐ 분입니다.

(2) 1 m의 $\frac{7}{10}$ 은 ☐ cm입니다.

1 길이가 12 cm인 종이띠가 있습니다. 전체의 분수만큼은 얼마인지 알아보시오.

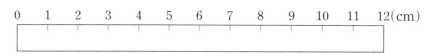

(1) 전체의 $\frac{1}{3}$만큼을 색칠해 보시오.

(2) 12의 $\frac{1}{3}$은 얼마입니까? ( )

(3) 12의 $\frac{2}{3}$는 얼마입니까? ( )

2 그림을 보고 ☐ 안에 알맞은 수를 써넣으시오.

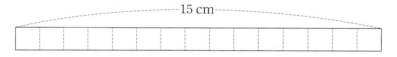

(1) 15 cm의 $\frac{2}{3}$는 ☐ cm입니다.

(2) 15 cm의 $\frac{3}{5}$은 ☐ cm입니다.

3 주어진 수를 수직선에 표시하시오.

(1) 10의 $\frac{2}{5}$

(2) 12의 $\frac{3}{4}$

정답/풀이 ➜ 29쪽

4 그림을 보고 ▢ 안에 알맞은 수를 써넣으시오.

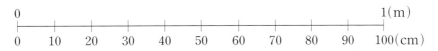

(1) 1 m의 $\frac{1}{5}$ 은 ▢ cm입니다.

(2) 100 cm의 $\frac{3}{5}$ 은 ▢ cm입니다.

5 ▢ 안에 알맞은 수를 써넣으시오.

(1) 하루의 $\frac{1}{4}$ 은 ▢ 시간입니다.

(2) 하루의 $\frac{5}{6}$ 는 ▢ 시간입니다.

6 그림을 보고 ▢ 안에 알맞은 수를 써넣으시오.

(1) 1시간의 $\frac{1}{2}$ 은 ▢ 분입니다.

(2) 1시간의 $\frac{2}{3}$ 는 ▢ 분입니다.

1 그림을 보고 ⬚ 안에 알맞은 수를 써넣으시오.

(1) 40000원의 $\frac{1}{4}$ 은 ⬚ 원입니다.

(2) 40000원의 $\frac{3}{4}$ 은 ⬚ 원입니다.

2 그림을 보고 ⬚ 안에 알맞은 수를 써넣으시오.

(1) 10000원의 $\frac{1}{2}$ 은 ⬚ 원입니다.

(2) 10000원의 $\frac{4}{5}$ 는 ⬚ 원입니다.

3 그림을 보고 ⬚ 안에 알맞은 수를 써넣으시오.

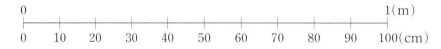

(1) $\frac{1}{5}$ m는 ⬚ cm입니다.

(2) $\frac{4}{5}$ m는 ⬚ cm입니다.

4 주어진 수를 수직선에 표시하시오.

(1) 18의 $\dfrac{2}{3}$

(2) 14의 $\dfrac{4}{7}$

5 그림을 보고 ◻ 안에 알맞은 수를 써넣으시오.

(1) 1시간의 $\dfrac{4}{6}$ 는 ◻ 분입니다.

(2) 1시간의 $\dfrac{7}{12}$ 은 ◻ 분입니다.

6 길이가 같은 것끼리 선을 그어 연결하시오.

24 cm의 $\dfrac{4}{6}$ •   • 16 cm의 $\dfrac{3}{4}$

14 cm의 $\dfrac{5}{7}$ •   • 32 cm의 $\dfrac{1}{2}$

48 cm의 $\dfrac{3}{12}$ •   • 1 m의 $\dfrac{1}{10}$

7 달에서의 무게는 지구에서의 무게의 $\frac{1}{6}$이라고 합니다. 몸무게가 42 kg인 태식이가 달에서 몸무게를 잰다면 몇 kg일까요?

(   )kg

8 그림은 초등학생인 하랑이의 방학계획표입니다. 계획표를 보고 ☐ 안에 알맞은 수와 단어를 써넣으시오.

- 하루의 $\frac{1}{3}$인 ☐시간 동안 잠을 잡니다.

- 하루의 $\frac{1}{☐}$인 4시간 동안 ☐을(를) 합니다.

- 하루의 $\frac{1}{☐}$인 ☐시간 동안 운동을 합니다.

9 하랑이와 태식이는 길이가 36 cm인 종이테이프를 나누어 가지려고 합니다. 하랑이와 태식이는 각각 몇 cm를 가지면 될까요?

하랑 : "난 36 cm의 $\frac{4}{9}$를 가질거야."

태식 : "그럼 난 나머지를 가질게."

하랑 (   )cm, 태식 (   )cm

서술형

10 다음 예시를 이용하여 자연수의 분수만큼을 구하시오.

> ㉠ ■의 $\dfrac{1}{●}$은 ■을 ●으로 나눈 값과 같다.
>
> 이것은 ■÷●의 값이다.
>
> ㉡ $\dfrac{▲}{●}$는 $\dfrac{1}{●}$이 ▲개이다.
>
> ㉢ ★이 ▲개이면 ★×▲이다.
>
> ㉠, ㉡, ㉢으로 다음과 같은 결론을 얻는다.
>
> '■의 $\dfrac{▲}{●}$는 (■÷●)×▲과 같다.'

(1) 45의 $\dfrac{4}{9}$

정답 ○ _____

풀이 과정 ○ _____

_____

(2) 56의 $\dfrac{3}{8}$

정답 ○ _____

풀이 과정 ○ _____

_____

서술형

11 길이가 1 m 20 cm인 끈이 2개 있습니다. 하랑이와 태식이는 각각 1개의 끈으로 리본을 만들려고 합니다. 하랑이는 끈의 $\dfrac{1}{3}$을 가위로 잘라 가졌고, 태식이는 끈의 $\dfrac{1}{4}$을 가위로 잘라 가졌습니다. 하랑이가 태식이보다 더 많이 가진 리본의 길이는 몇 cm입니까?

정답 ○ _____ cm

풀이 과정 ○ _____

_____

진분수, 가분수, 자연수

DAY 11

1 분수의 분류(진분수, 가분수, 자연수)

➡ $\frac{1}{3}$, $\frac{2}{3}$와 같이 분자가 분모보다 작은 분수를 진분수라고 합니다.

➡ $\frac{3}{3}$, $\frac{4}{3}$, $\frac{5}{3}$, $\frac{6}{3}$과 같이 분자가 분모와 같거나 분모보다 큰 분수를 가분수라고 합니다.

➡ $\frac{3}{3}$은 1과 같고, $\frac{6}{3}$은 2와 같습니다. 이처럼 1, 2, 3, …과 같은 수를 자연수라고 합니다.

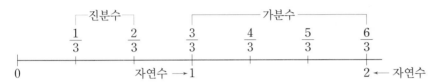

2 진분수, 가분수, 자연수의 특징

진분수	가분수		
(분자)<(분모)	자연수, (분자)=(분모)		(분자)>(분모)
0보다 크고 1보다 작은 분수	1, 2, 3, …과 같은 분수		1보다 큰 분수

➡ 진분수는 <u>1보다 작은</u> 분수입니다.
   _{0과 1 사이에 있는}
   ⓔ 분모가 7인 진분수는 $\frac{1}{7}$, $\frac{2}{7}$, $\frac{3}{7}$, $\frac{4}{7}$, $\frac{5}{7}$, $\frac{6}{7}$이 있습니다.

➡ 가분수는 1과 같거나 1보다 큰 분수입니다.
   ⓔ 분모가 7인 가분수는 $\frac{7}{7}$, $\frac{8}{7}$, $\frac{9}{7}$, …와 같이 셀 수 없이 많습니다.
   _{무수히}

➡ 자연수는 분모와 분자가 같은 가분수로 나타낼 수 있습니다.
   ⓔ 자연수 1을 분모가 7인 가분수로 나타내면 $\frac{7}{7}$입니다.

---

1 (분자)<(분모) ➡ 진분수
(분자)=(분모) ➡ 가분수
(분자)>(분모) ➡ 가분수

2 모든 자연수는 여러 가지 방법으로 가분수로 나타낼 수 있습니다.

$1=\frac{1}{1}=\frac{2}{2}=\frac{3}{3}=\cdots$

$2=\frac{2}{1}=\frac{4}{2}=\frac{6}{3}=\cdots$

V 분수는 전체에 대한 부분의 크기를 나타내는 것이므로 분수가 나타내는 값은 1보다 작습니다. 따라서 0보다 크고 1보다 작은 분수를 '진짜 분수'라는 뜻에서 진분수라고 부릅니다. 가분수는 진분수와 달리 전체에 대한 부분의 크기를 나타내지 않는다는 점에서 '가짜 분수'라고 여깁니다. 이런 의미에서 진분수는 '적절한 분수', 가분수는 '적절하지 않은 분수'라고 생각하면 됩니다.

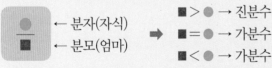
깊은생각

● 왜 진분수, 가분수라고 이름을 지었을까요?
진분수를 '진짜' 분수, 가분수를 '가짜' 분수로 생각하기 때문입니다.

$\frac{●}{■}$ ← 분자(자식)
      ← 분모(엄마)

➡ ■>● → 진분수
   ■=● → 가분수
   ■<● → 가분수

➡ '엄마의 나이가 자식의 나이보다 많아야 진짜! 그 반대이면 가짜!'라고 기억하면 쉽습니다.

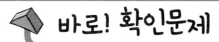
1 분자가 분모보다 작은 분수에 ○표 하시오.

$$\frac{1}{5} \quad \frac{2}{5} \quad \frac{3}{5} \quad \frac{4}{5} \quad \frac{5}{5} \quad \frac{6}{5}$$

2 분자가 분모와 같거나 분모보다 큰 분수에 ○표 하시오.

$$\frac{4}{7} \quad \frac{5}{7} \quad \frac{6}{7} \quad \frac{7}{7} \quad \frac{8}{7} \quad \frac{9}{7}$$

3 색칠한 부분을 나타내는 분수가 진분수이면 '진'을, 가분수이면 '가'를 쓰시오.

(1)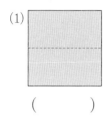

(   )

(2)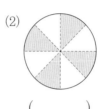

(   )

4 수직선 위의 점들이 나타내는 분수가 진분수이면 '진'을, 가분수이면 '가'를 쓰시오.

```
0           1           2           3
|--+--+--•--+--•--+--+--+--•--+--|
```
(   ) (   )   (   )

5 옳은 것에 ○표, 틀린 것에 ×표 하시오.

⑴ 진분수는 0과 1 사이의 수입니다.   (   )

⑵ 분모가 6인 진분수는 모두 6개입니다.   (   )

⑶ 가분수는 1과 같거나 1보다 큰 수입니다.   (   )

⑷ 자연수를 분수로 나타내면 진분수입니다.   (   )

1 $\frac{1}{3}$을 1개, 2개, 3개, 4개만큼 색칠하고, 분수로 나타내시오.

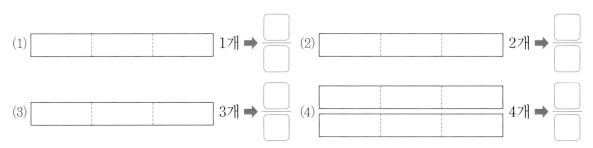

2 주어진 분수만큼 색칠하고, 진분수이면 '진', 가분수이면 '가'를 쓰시오.

(1) $\frac{4}{5}$ m

(   )

(2) $\frac{7}{5}$ m

(   )

3 색칠한 부분을 분수로 나타내려고 합니다. ◯ 안에 알맞은 수를 써넣고, 진분수이면 '진', 가분수이면 '가'를 쓰시오.

(1)  $\frac{}{4}$ (   )

(2)  $\frac{}{5}$ (   )

(3)  $\frac{}{3}$ (   )

4 진분수에 ◯표, 가분수에 △표 하시오.

$$\frac{1}{3} \qquad \frac{2}{3} \qquad \frac{3}{3} \qquad \frac{4}{3} \qquad \frac{5}{3} \qquad \frac{6}{3}$$

5 분수를 진분수와 가분수로 분류하시오.

$$\frac{3}{4} \qquad \frac{2}{5} \qquad \frac{7}{7} \qquad \frac{5}{3} \qquad \frac{10}{7} \qquad \frac{11}{12}$$

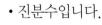

진분수 (   )

가분수 (   )

6 자연수를 가분수로 나타내려고 합니다. ▢ 안에 알맞은 수를 써넣으시오.

(1) $1 = \dfrac{\square}{3}$, $1 = \dfrac{\square}{4}$, $1 = \dfrac{\square}{6}$

(2) $1 = \dfrac{\square}{2}$, $2 = \dfrac{\square}{3}$, $3 = \dfrac{\square}{5}$

7 조건을 모두 만족하는 분수를 구하시오.

- 진분수입니다.
- 분모가 7입니다.
- 분자와 분모의 합이 10입니다.

(   )

발전문제 배운 개념 응용하기

1 그림을 보고 ☐ 안에 알맞은 수를 써넣으시오.

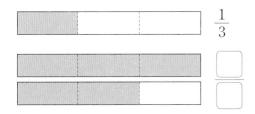

$\dfrac{1}{3}$

2 분모가 4인 분수를 수직선에 나타내려고 합니다. ☐ 안에 알맞은 수를 써넣으시오.

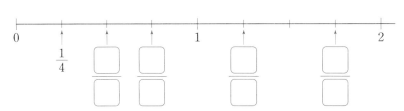

3 주어진 분수만큼 색칠하고, 진분수이면 '진', 가분수이면 '가'를 쓰시오.

$\dfrac{3}{4}$　　　　　　　　　　　　　（　　　）

$\dfrac{4}{4}$　　　　　　　　　　　　　（　　　）

$\dfrac{7}{4}$　　　　　　　　　　　　　（　　　）

4 진분수이면 '진', 가분수이면 '가'를 쓰시오.

(1) $\dfrac{1}{6}$이 5개인 분수 　　　　　　　(　　　)

(2) $\dfrac{1}{7}$이 8개인 분수 　　　　　　　(　　　)

5 진분수에 ○표, 가분수에 △표 하시오.

$$\dfrac{1}{3} \qquad \dfrac{5}{4} \qquad \dfrac{2}{5} \qquad \dfrac{12}{7} \qquad \dfrac{10}{10} \qquad \dfrac{99}{100}$$

6 분모가 7인 진분수는 모두 몇 개입니까?

(　　　　　　　　　)개

7 숫자 카드 4장이 있습니다.

(1) 카드 2장을 선택하여 만들 수 있는 진분수는 모두 몇 개입니까?

(　　　　　　　)개

(2) 카드 2장을 선택하여 만들 수 있는 가분수는 모두 몇 개입니까?

(　　　　　　　)개

8 자연수를 가분수로 나타내려고 합니다. ☐ 안에 알맞은 수를 써넣으시오.

(1) $3 \implies \dfrac{\boxed{}}{2} , \dfrac{\boxed{}}{4} , \dfrac{18}{\boxed{}}$

(2) $5 \implies \dfrac{25}{\boxed{}} , \dfrac{\boxed{}}{6} , \dfrac{\boxed{}}{7}$

9 조건을 만족하는 분수를 찾아 ○표 하시오.

(1) 분모와 분자의 합이 13이고 가분수입니다.

$$\left(\quad \dfrac{4}{9} \qquad \dfrac{7}{6} \qquad \dfrac{3}{10} \quad \right)$$

(2) 분모와 분자의 합이 15이고 진분수입니다.

$$\left(\quad \dfrac{9}{6} \qquad \dfrac{8}{7} \qquad \dfrac{7}{8} \quad \right)$$

10 물음에 답하시오.

(1) 분모가 7인 진분수 중에서 분자가 가장 큰 수를 쓰시오.

(   )

(2) 분모가 9인 가분수 중에서 분자가 가장 작은 수를 쓰시오.

(   )

(3) 다음 분수가 가분수일 때 ☐ 안에 들어갈 수 있는 수 중에서 1보다 큰 수를 모두 쓰시오.

$$\dfrac{6}{\boxed{}}$$

(   )

11 다음은 망고바나나 주스를 만드는 방법입니다.

> ㉠ 망고 $\frac{6}{5}$개와 바나나 $\frac{2}{3}$개를 깨끗이 씻은 다음 잘게 자릅니다.
>
> ㉡ 꿀 $\frac{1}{2}$숟가락과 잘게 자른 망고와 바나나를 믹서기에 모두 담습니다.
>
> ㉢ 얼음 $\frac{1}{4}$컵을 믹서기에 더 넣고 갈면 맛있는 망고바나나 주스가 완성됩니다.

망고바나나 주스를 만드는 방법에서 나오는 진분수, 가분수를 모두 찾아 쓰시오.

진분수 : (   )

가분수 : (   )

서술형

12 조건을 모두 만족하는 분수를 구하시오.

> • 가분수입니다.
> • 분자가 5입니다.
> • 분자와 분모의 차가 2입니다.

정답 ○ _____

풀이 과정 ○ _____

_____

대분수

1 분수의 분류(대분수)

➡ $1\frac{1}{3}$, $2\frac{3}{4}$과 같이 자연수와 진분수로 이루어진 분수를 대분수라고 합니다.

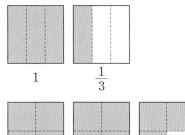

1    $\frac{1}{3}$

➡ 1과 $\frac{1}{3}$ ➡ $1\frac{1}{3}$

➡ 2와 $\frac{3}{4}$ ➡ $2\frac{3}{4}$

➡ $1\frac{1}{3}$은 1(자연수)과 $\frac{1}{3}$(진분수)의 합으로 이루어진 분수입니다.

→ '1과 3분의 1'이라고 읽습니다.

➡ $2\frac{3}{4}$은 2(자연수)와 $\frac{3}{4}$(진분수)의 합으로 이루어진 분수입니다.

→ '2와 4분의 3'이라고 읽습니다.

2 대분수의 특징

| 자연수 | + | 진분수 | ➡ | 대분수 |

(분자) < (분모)

➡ 진분수 $\frac{1}{3}$은 0보다 크고 1보다 작은 분수입니다.

➡ $1\frac{1}{3}$은 자연수 1보다 $\frac{1}{3}$만큼 더 큰 수입니다.

➡ $1\frac{1}{3}$은 1보다 크고 2보다 작은 분수입니다.

➡ $0 < \frac{1}{3} < 1 \rightarrow 1+0 < 1+\frac{1}{3} < 1+1 \rightarrow 1 < 1\frac{1}{3} < 2$

깊은생각

● '자연수'와 '진분수'로 이루어져 있을 때 대분수라고 합니다.
'자연수'와 '가분수'로 이루어져 있을 때는 대분수라고 하지 않습니다.

$2\frac{5}{4}$ $4\frac{2}{3}$

$\frac{5}{4}$가 가분수이므로 대분수가 아닙니다. $\frac{2}{3}$가 진분수이므로 대분수입니다.

---

1 $1\frac{1}{3}$은 1과 $\frac{1}{3}$의 합으로 이루어진 분수입니다.

$1\frac{1}{3} = 1+\frac{1}{3}$
$= \frac{3}{3}+\frac{1}{3}$

2 $0 < \frac{1}{2} < 1$이므로
$1 < \frac{1}{2} < 2$입니다.

       1

< $1\frac{1}{2}$

<   2

1 대분수에 ○표 하시오.

$$\frac{2}{3} \qquad \frac{7}{4} \qquad 1\frac{2}{5} \qquad 2\frac{7}{6} \qquad \frac{1}{7} \qquad 2\frac{7}{8}$$

2 그림에 색칠된 부분을 대분수로 나타내려고 합니다. ☐ 안에 알맞은 수를 써넣으시오.

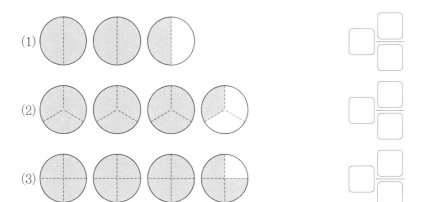

3 주어진 대분수만큼 그림에 색칠하시오.

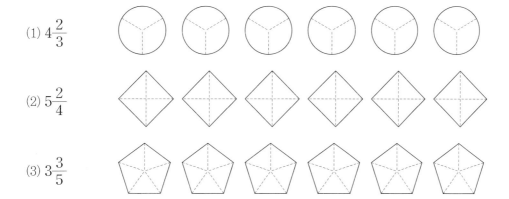

(1) $4\frac{2}{3}$

(2) $5\frac{2}{4}$

(3) $3\frac{3}{5}$

4 옳은 것에 ○표, 틀린 것에 ×표 하시오.

(1) $2\frac{1}{4}$은 2과 3 사이의 수입니다.   (   )

(2) $1\frac{3}{2}$과 $2\frac{3}{4}$은 모두 대분수입니다.   (   )

(3) $3\frac{2}{5}=3+\frac{2}{5}$입니다.   (   )

1 $\dfrac{1}{3}$을 3개, 4개, 5개만큼 색칠하고, 자연수와 진분수로 나타내시오.

(1) 3개

☐

(2) 4개

☐   ☐$/3$

(3) 5개

☐   ☐$/3$

2 다음 예시를 보고 ☐ 안에 알맞은 수를 써넣고, 그림을 대분수로 나타내시오.

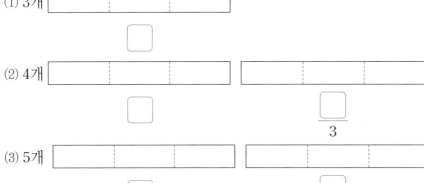

➡ 1

(1)

자연수 : ☐   진분수 : $\dfrac{\square}{6}$ ➡ 대분수 : (   )

(2)

자연수 : ☐   진분수 : $\dfrac{\square}{6}$ ➡ 대분수 : (   )

정답/풀이 ➜ 35쪽

3 대분수에 ○표 하시오.

$$\frac{5}{4} \qquad 2\frac{3}{5} \qquad 5 \qquad \frac{1}{3} \qquad 8\frac{9}{11} \qquad \frac{10}{9}$$

4 대분수이면 '대', 가분수이면 '가', 진분수이면 '진'을 쓰시오.

(1) $\frac{9}{4}$ ( )

(2) $\frac{4}{9}$ ( )

(3) $11\frac{4}{9}$ ( )

5 □ 안에 들어갈 수 있는 대분수를 찾아 쓰시오.

$$2\frac{3}{4} \qquad 1\frac{2}{5} \qquad 6\frac{1}{2} \qquad 4\frac{5}{8}$$

(1) $2 < □ < 3$ ( )

(2) $4 < □ < 5$ ( )

1 그림을 보고 ☐ 안에 알맞은 수를 써넣으시오.

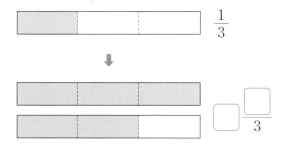

2 주어진 분수만큼 색칠하고, 진분수이면 '진', 가분수이면 '가', 대분수이면 '대'를 쓰시오.

(1) $\dfrac{3}{4}$

(   )

(2) $1\dfrac{1}{4}$

(   )

(3) $\dfrac{7}{4}$

(   )

3 어제와 오늘 상현이가 먹은 복숭아는 모두 몇 개인지 대분수로 나타내시오.

어제 복숭아 2개를 먹고 오늘은 1개를 4조각으로 똑같이 나눈 것 중에 1조각을 먹었어.

상현

(   )개

정답/풀이 ➡ 36쪽

4 그림에 색칠된 부분을 대분수로 나타내시오.

 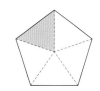

(　　　　　　　　　　　　　)

5 진분수에 ○표, 가분수에 △표, 대분수에 □표 하시오.

$$\frac{1}{6} \qquad 1\frac{2}{4} \qquad \frac{2}{5} \qquad \frac{6}{6} \qquad 5\frac{3}{7} \qquad \frac{10}{9} \qquad 1\frac{5}{3}$$

6 대분수가 되도록 □ 안에 들어갈 수 있는 수를 모두 찾아 ○표 하시오.

(1) $1\dfrac{\square}{9}$

| 1 | 3 | 5 | 7 | 9 | 11 |

(2) $6\dfrac{\square}{5}$

| 3 | 4 | 5 | 4 | 7 | 8 |

7 조건을 만족하는 분수를 모두 구하시오.

> • 대분수입니다.
> • 자연수 부분이 2입니다.
> • 분모가 5입니다.

(   )

8 조건을 모두 만족하는 대분수를 구하시오.

> • 자연수는 2입니다.
> • 진분수의 분모와 분자의 합은 6입니다.
> • 진분수의 분모와 분자의 차는 2입니다.

(   )

9 서정이는 동생에게 간식을 주려고 부엌에서 빵을 찾았습니다. 식탁에서 빵 4개와 냉장고에서 반만 남겨진 빵 1조각을 찾았습니다. 서정이가 가지고 있는 빵은 모두 몇 개인지 대분수로 나타내시오.

(   )개

정답/풀이 → 36쪽

10 숫자 카드 3장을 한 번씩 사용하여 만들 수 있는 대분수를 모두 구하시오.

(   )

서술형

11 4장의 숫자 카드 중에서 3장을 골라 대분수를 만들려고 합니다. 3보다 크고 4보다 작은 대분수를 모두 구하시오.

| 2 | 3 | 4 | 5 |

정답 ○ _____

풀이 과정 ○ _____

_____

서술형

12 숫자 카드 3장을 한 번씩 사용하여 대분수를 만들려고 합니다. 만들 수 있는 분수 중에서 가장 큰 대분수는 무엇입니까?

| 2 | 5 | 8 |

정답 ○ _____

풀이 과정 ○ _____

_____

대분수를 가분수로 나타내기

DAY 13

1 대분수를 가분수로 나타내기(그림 이용)

대분수 $2\frac{3}{4}$ 을 그림으로 나타내면 다음과 같습니다.

➡ 큰 사각형 2개를 모두 $\frac{1}{4}$ 씩 똑같이 나누어보세요.

➡ $\frac{1}{4}$ 은 모두 몇 개입니까? (11)개

➡ $2\frac{3}{4}$ 은 $\frac{1}{4}$ 이 모두 11개이므로 $\frac{11}{4}$ 입니다.

➡ $2\frac{3}{4} = \frac{11}{4}$

2 대분수를 가분수로 나타내기(수의 계산)

$$2\frac{3}{4} = \boxed{2} + \boxed{\frac{3}{4}}$$

➡ 대분수 $2\frac{3}{4}$ 은 자연수 2와 진분수 $\frac{3}{4}$ 으로 이루어진 수입니다.

$$= \boxed{\frac{8}{4}} + \boxed{\frac{3}{4}}$$

➡ 자연수 2를 분모가 '$\frac{3}{4}$의 분모 4'가 되도록 분수로 바꾸면 $\frac{8}{4}$ 입니다.

$$= \boxed{\frac{1}{4}\times 8} + \boxed{\frac{1}{4}\times 3} = \boxed{\frac{1}{4}\times 11}$$

➡ $\frac{8}{4}$ 은 $\frac{1}{4}$ 이 8개, $\frac{3}{4}$ 은 $\frac{1}{4}$ 이 3개이므로 $\frac{1}{4}$ 이 모두 11개입니다.

$$= \boxed{\frac{11}{4}}$$

깊은생각

● 다음 계산법을 기억하면 대분수를 가분수로 빠르게 바꿀 수 있습니다.

$$\bigstar\frac{\bullet}{\blacksquare} = \bigstar+\frac{\bullet}{\blacksquare} = \frac{\bigstar\times\blacksquare}{\blacksquare}+\frac{\bullet}{\blacksquare} = \frac{\bigstar\times\blacksquare+\bullet}{\blacksquare}$$

$$4\frac{2}{3} = 4+\frac{2}{3} = \frac{4\times 3}{3}+\frac{2}{3} = \frac{4\times 3+2}{3} = \frac{14}{3}$$

오른쪽 설명

1 $2\frac{3}{4} = \frac{11}{4}$ 은 대분수 $2\frac{3}{4}$ 에 단위분수 $\frac{1}{4}$ 이 11개가 있다는 의미입니다.

2 $\frac{\blacktriangle}{\blacksquare}$ 는 $\frac{1}{\blacksquare}$ 이 ▲개가 있다는 의미이므로 $\frac{\blacktriangle}{\blacksquare} = \frac{1}{\blacksquare}\times\blacktriangle$ 입니다.

$\frac{8}{4} = \frac{1}{4}\times 8$, $\frac{3}{4} = \frac{1}{4}\times 3$

v $\frac{\blacktriangle}{\blacksquare} + \frac{\bullet}{\blacksquare} = \frac{\blacktriangle+\bullet}{\blacksquare}$ 입니다.

예를 들어 $\frac{2}{7}+\frac{3}{7}=\frac{2+3}{7}=\frac{5}{7}$ 입니다.

1 그림을 보고 ☐ 안에 알맞은 수를 써넣으시오.

(1)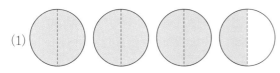

$3\dfrac{1}{2}$ 은 $\dfrac{1}{2}$ 이 ☐ 개입니다.

(2)

$4\dfrac{2}{3}$ 는 $\dfrac{1}{3}$ 이 ☐ 개입니다.

(3)

$2\dfrac{3}{4}$ 은 $\dfrac{1}{4}$ 이 ☐ 개입니다.

2 그림의 왼쪽에는 대분수를, 오른쪽에는 가분수를 쓰시오.

(1)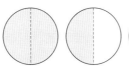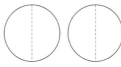

(2)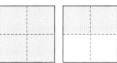

(3)

3 ☐ 안에 알맞은 수를 써넣으시오.

(1) $4\dfrac{1}{2} = \boxed{} + \dfrac{1}{2}$

(2) $3\dfrac{2}{3} = 3 + \dfrac{2}{3} = \dfrac{\boxed{}}{3} + \dfrac{2}{3}$

(3) $2\dfrac{3}{4} = 2 + \dfrac{3}{4} = \dfrac{8}{4} + \dfrac{3}{4} = \dfrac{\boxed{}+3}{4}$

(4) $1\dfrac{2}{5} = 1 + \dfrac{2}{5} = \dfrac{5}{5} + \dfrac{2}{5} = \dfrac{5+2}{5} = \dfrac{\boxed{}}{5}$

1 그림을 보고 물음에 답하시오.

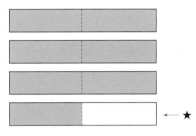

← ★

(1) 그림을 대분수로 나타내시오.　　　(　　　　　)

(2) ★ 부분만 분수로 나타내시오.　　　(　　　　　)

(3) 색칠한 부분은 $\frac{1}{2}$이 모두 몇 개인가요?　(　　　　　)개

(4) 그림을 가분수로 나타내시오.　　　(　　　　　)

2 그림을 보고 ☐ 안에 알맞은 수를 써넣으시오.

(1)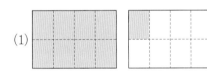

$1\frac{1}{8}$ 은 $\frac{1}{8}$이 모두 ☐ 개이므로 $\frac{☐}{8}$입니다.

(2)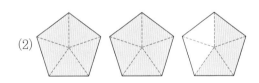

$2\frac{3}{5}$ 은 $\frac{1}{5}$이 모두 ☐ 개이므로 $\frac{☐}{5}$입니다.

3 그림을 보고 ☐ 안에 알맞은 수를 써넣으시오.

(1)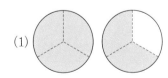

$1\frac{2}{3} = \frac{☐}{☐}$

(2)

$2\frac{3}{4} = \frac{☐}{☐}$

4 자연수를 분수로 바꾸려고 합니다. ☐ 안에 알맞은 수를 써넣으시오.

(1) $3 = \dfrac{\boxed{}}{2} = \dfrac{\boxed{}}{3} = \dfrac{\boxed{}}{4}$

(2) $4 = \dfrac{\boxed{}}{2} = \dfrac{\boxed{}}{3} = \dfrac{\boxed{}}{4}$

(3) $8 = \dfrac{\boxed{}}{2} = \dfrac{\boxed{}}{3} = \dfrac{\boxed{}}{4}$

5 $2\dfrac{5}{9}$ 는 $\dfrac{1}{9}$ 이 몇 개인 수입니까?

(   )개

6 수직선의 위쪽에는 대분수를, 아래쪽에는 가분수를 쓰시오.

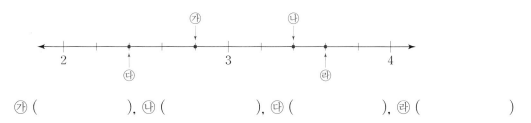

㉮ (   ), ㉯ (   ), ㉰ (   ), ㉱ (   )

7 대분수를 가분수로 나타내시오.

(1) $2\dfrac{1}{5}$ (   )

(2) $3\dfrac{5}{6}$ (   )

(3) $5\dfrac{4}{7}$ (   )

1 대분수를 가분수로 나타내시오.

(1) 대분수 $3\frac{1}{2}$ 만큼 색칠하시오.

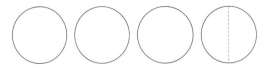

(2) 원 3개를 각각 $\frac{1}{2}$ 씩 똑같이 나누어 보시오.

(3) 대분수 $3\frac{1}{2}$ 은 $\frac{1}{2}$ 이 모두 몇 개입니까?　　　　　　(　　　　　　　　　　　)개

(4) 대분수 $3\frac{1}{2}$ 을 가분수로 나타내시오.　　　　　　(　　　　　　　　　)

2 그림을 보고 대분수를 가분수로 나타내시오.

(1) 　　　　$2\frac{2}{3}=\dfrac{\boxed{}}{3}$

(2) 　　$3\frac{3}{4}=\dfrac{\boxed{}}{4}$

3 다음 예시와 같이 대분수를 자연수와 진분수로 분리한 후, 가분수로 나타내시오.

$$2\frac{1}{6} \;\Rightarrow\; 2와 \frac{1}{6} \;\Rightarrow\; \frac{12}{6}와 \frac{1}{6} \;\Rightarrow\; \frac{13}{6}$$

(1) $3\frac{1}{5} \;\Rightarrow\; \boxed{}과 \dfrac{1}{\boxed{}} \;\Rightarrow\; \dfrac{15}{5}와 \dfrac{1}{5} \;\Rightarrow\; \dfrac{\boxed{}}{5}$

(2) $5\frac{2}{3} \;\Rightarrow\; 5와 \dfrac{\boxed{}}{\boxed{}} \;\Rightarrow\; \dfrac{\boxed{}}{3}와 \dfrac{2}{3} \;\Rightarrow\; \dfrac{\boxed{}}{3}$

4 ☐ 안에 알맞은 수를 써넣으시오.

(1) $1\frac{2}{3} = \boxed{} + \frac{2}{3}$

(2) $2\frac{1}{4} = \boxed{} + \frac{1}{4}$

(3) $2\frac{3}{4} = \frac{\boxed{}}{4} + \frac{3}{4} = \frac{\boxed{}}{4}$

(4) $3\frac{2}{5} = \frac{\boxed{}}{5} + \frac{2}{5} = \frac{\boxed{}}{5}$

(5) $3\frac{3}{4} = \frac{\boxed{}+3}{4} = \frac{\boxed{}}{4}$

(6) $4\frac{3}{5} = \frac{\boxed{}+3}{5} = \frac{\boxed{}}{5}$

5 다음 예시는 대분수를 가분수로 바꾸는 과정입니다. ☐ 안에 알맞은 수를 써넣으시오.

$$1\frac{2}{6} = \frac{\boxed{1} \times \boxed{6} + \boxed{2}}{6} = \frac{\boxed{8}}{6}$$

(1) $1\frac{1}{2} = \frac{\boxed{} \times \boxed{} + \boxed{}}{2} = \frac{\boxed{}}{2}$

(2) $2\frac{2}{4} = \frac{\boxed{} \times \boxed{} + \boxed{}}{4} = \frac{\boxed{}}{4}$

(3) $3\frac{4}{5} = \frac{\boxed{} \times \boxed{} + \boxed{}}{5} = \frac{\boxed{}}{5}$

(4) $4\frac{3}{7} = \frac{\boxed{} \times \boxed{} + \boxed{}}{7} = \frac{\boxed{}}{7}$

6 다음 예시는 대분수를 가분수로 바꾸는 과정입니다. ☐ 안에는 수를, ◯ 안에는 연산 기호를 써넣으시오.

$$2\frac{3}{4} = \frac{\boxed{2} \times \boxed{4} + \boxed{3}}{\boxed{4}} = \frac{\boxed{11}}{\boxed{4}}$$

(1) $1\frac{1}{4} = \dfrac{\boxed{} \bigcirc \boxed{} \bigcirc \boxed{}}{\boxed{}} = \dfrac{\boxed{}}{\boxed{}}$

(2) $3\frac{2}{5} = \dfrac{\boxed{} \bigcirc \boxed{} \bigcirc \boxed{}}{\boxed{}} = \dfrac{\boxed{}}{\boxed{}}$

(3) $5\frac{3}{6} = \dfrac{\boxed{} \bigcirc \boxed{} \bigcirc \boxed{}}{\boxed{}} = \dfrac{\boxed{}}{\boxed{}}$

(4) $6\frac{4}{7} = \dfrac{\boxed{} \bigcirc \boxed{} \bigcirc \boxed{}}{\boxed{}} = \dfrac{\boxed{}}{\boxed{}}$

7 크기가 같은 대분수와 가분수를 선으로 연결하시오.

$7\frac{2}{3}$ •   • $\dfrac{34}{9}$

$3\frac{7}{9}$ •   • $\dfrac{23}{3}$

$4\frac{1}{9}$ •   • $\dfrac{25}{3}$

$8\frac{1}{3}$ •   • $\dfrac{37}{9}$

8 대분수를 가분수로 나타내시오.

(1) $3\frac{4}{6}$ (   )   (2) $4\frac{3}{7}$ (   )

(3) $6\frac{1}{3}$ (   )   (4) $11\frac{3}{5}$ (   )

서술형

9 숫자 카드 3장을 한 번씩 사용하여 만들 수 있는 분수 중에서 가장 큰 대분수를 가분수로 나타내시오.

$$3 \quad 5 \quad 7$$

정답 ○ _____

풀이 과정 ○ _____

_____

서술형

10 숫자 카드 3장을 한 번씩 사용하여 대분수를 만들려고 합니다. 이 대분수에서 진분수의 분모와 분자의 합이 10인 대분수를 가분수로 나타내시오.

$$3 \quad 7 \quad 8$$

정답 ○ _____

풀이 과정 ○ _____

_____

서술형

11 조건을 모두 만족하는 대분수를 가분수로 나타내시오.

> • 각 자리에 쓰인 세 수의 합이 12입니다.
> • 진분수의 분모와 분자의 합이 7입니다.
> • 진분수의 분모와 분자의 차가 1입니다.

정답 ○ 대분수 : _____, 가분수 : _____

풀이 과정 ○ _____

_____

가분수를 대분수로 나타내기

DAY 14

1 가분수를 대분수로 나타내기(그림 이용)

가분수 $\frac{7}{3}$을 그림으로 나타내면 다음과 같습니다.

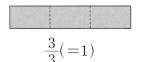　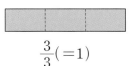　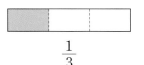

$\quad\quad \frac{3}{3}(=1) \quad\quad\quad \frac{3}{3}(=1) \quad\quad\quad\quad \frac{1}{3}$

➡ 작은 사각형 3개를 모두 색칠한 큰 사각형은 몇 개입니까?

(　　2　　)개

➡ 색칠한 나머지 작은 사각형 1개를 분수로 나타내면 $\frac{1}{3}$입니다.

➡ 분수 $\frac{3}{3}$은 자연수 1과 같습니다.

➡ $\frac{7}{3}=2\frac{1}{3}$

2 가분수를 대분수로 나타내기(수의 계산)

$$\frac{7}{3} = \frac{3}{3} + \frac{3}{3} + \frac{1}{3}$$

$$= 1 + 1 + \frac{1}{3}$$

$$= 2 + \frac{1}{3} = 2\frac{1}{3}$$

$$\frac{7}{3} = \frac{6}{3} + \frac{1}{3}$$

$$= 2 + \frac{1}{3} = 2\frac{1}{3}$$

1 $\frac{7}{3}=\frac{3}{3}+\frac{3}{3}+\frac{1}{3}$

$\quad\quad =1+1+\frac{1}{3}$

$\quad\quad =2+\frac{1}{3}$

$\quad\quad =2\frac{1}{3}$

2 (1) 분자 7보다 작거나 같은 수 1, 2, 3, 4, 5, 6, 7 중에서 3으로 나누어 떨어지는 수는 3과 6입니다.

➡ $3 \div 3 = 1$

➡ $6 \div 3 = 2$

(2) $7 = 3 + 3 + 1$

$\quad\ 7 = 6 + 1$

v (1) 5를 3으로 나누면 몫은 1이고 나머지는 2입니다.

➡ $5 \div 3 = 1 \cdots\cdots 2$

➡ $\frac{5}{3} = 1\frac{2}{3}$

(2) 4를 2로 나누면 몫은 2이고 나머지는 0입니다.

➡ $4 \div 2 = 2 \cdots\cdots 0$

➡ $\frac{4}{2} = 2\frac{0}{2} = 2$

깊은생각

● 다음 계산법을 기억하면 가분수를 대분수로 빠르게 바꿀 수 있습니다.

"7을 3으로 나누면 몫은 2이고 나머지는 1이다."

➡ "$7 \div 3 = 2 \cdots\cdots 1$"　　➡ $\frac{7}{3}=2\frac{1}{3}$

"●를 ■로 나누면 몫은 ▲이고 나머지는 ★이다."

➡ "$● \div ■ = ▲ \cdots\cdots ★$"　　➡ $\frac{●}{■} = ▲\frac{★}{■}$

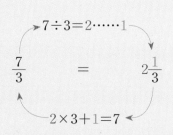

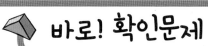
1 그림을 보고 ☐ 안에 알맞은 수를 써넣으시오.

(1) $\dfrac{1}{2}$ $\dfrac{1}{2}$ $\dfrac{1}{2}$ $\dfrac{1}{2}$ $\dfrac{1}{2}$ $\dfrac{1}{2}$ $\dfrac{1}{2}$ $\dfrac{7}{2} = \boxed{} \dfrac{\boxed{}}{\boxed{}}$

(2) $\dfrac{1}{3}$ $\dfrac{1}{3}$ $\dfrac{1}{3}$ $\dfrac{1}{3}$ $\dfrac{1}{3}$ $\dfrac{1}{3}$ $\dfrac{1}{3}$ $\dfrac{1}{3}$ $\dfrac{8}{3} = \boxed{} \dfrac{\boxed{}}{\boxed{}}$

2 그림에 가분수만큼 색칠하고, 가분수와 같은 대분수가 되도록 ☐ 안에 알맞은 수를 써넣으시오.

(1) $\dfrac{5}{2}$ ○ ○ ○ ○ ○ $\boxed{} \dfrac{\boxed{}}{\boxed{}}$

(2) $\dfrac{11}{3}$ ○ ○ ○ ○ ○ $\boxed{} \dfrac{\boxed{}}{\boxed{}}$

(3) $\dfrac{19}{4}$ ○ ○ ○ ○ ○ $\boxed{} \dfrac{\boxed{}}{\boxed{}}$

3 ☐ 안에 알맞은 수를 써넣으시오.

(1) $\dfrac{9}{2} = \dfrac{\boxed{} + 1}{2}$

(2) $\dfrac{13}{3} = \dfrac{12 + 1}{3} = \dfrac{\boxed{}}{3} + \dfrac{1}{3}$

(3) $\dfrac{15}{4} = \dfrac{12 + 3}{4} = \dfrac{12}{4} + \dfrac{3}{4} = \boxed{} + \dfrac{3}{4}$

(4) $\dfrac{12}{5} = \dfrac{10 + 2}{5} = \dfrac{10}{5} + \dfrac{2}{5} = 2 + \dfrac{2}{5} = \boxed{} \dfrac{\boxed{}}{\boxed{}}$

1 가분수를 대분수로 나타내시오.

(1) 가분수 $\dfrac{9}{4}$ 만큼 왼쪽 사각형에서부터 차례로 색칠하시오.

(2) 작은 사각형 4개를 모두 색칠한 큰 사각형은 모두 몇 개입니까?　　　(　　　　　　　)개

(3) 가장 오른쪽에 있는 큰 사각형에서 색칠한 작은 사각형을 분수로 나타내시오.

(　　　　　　　)

(4) 가분수 $\dfrac{9}{4}$ 를 대분수로 나타내시오.　　　　　　(　　　　　　　)

2 그림을 보고 ☐ 안에 알맞은 수를 써넣으시오.

(1)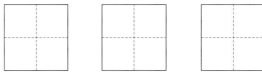

$\dfrac{6}{5}$ 은 $1\left(=\dfrac{5}{5}\right)$과 $\dfrac{1}{5}$ 이므로 $\boxed{}\dfrac{\boxed{}}{\boxed{}}$ 과 같습니다.

(2)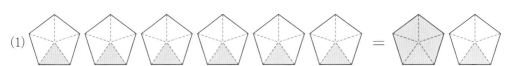

$\dfrac{10}{6}$ 은 $1\left(=\dfrac{\boxed{}}{\boxed{}}\right)$과 $\dfrac{4}{\boxed{}}$ 이므로 $\boxed{}\dfrac{\boxed{}}{\boxed{}}$ 와 같습니다.

3 주어진 가분수를 수직선에 나타내고, ☐ 안에 알맞은 수를 써넣으시오.

$\dfrac{4}{3} = \boxed{}\dfrac{\boxed{}}{\boxed{}}$

4 ☐ 안에 알맞은 수를 써넣으시오.

(1) $\dfrac{5}{3} = \dfrac{3}{3} + \dfrac{2}{3} = \square\dfrac{\square}{\square}$

(2) $\dfrac{10}{4} = \dfrac{8}{4} + \dfrac{2}{4} = \square\dfrac{\square}{\square}$

(3) $\dfrac{19}{5} = \dfrac{15}{5} + \dfrac{4}{5} = \square\dfrac{\square}{\square}$

(4) $\dfrac{26}{6} = \dfrac{24}{6} + \dfrac{2}{6} = \square\dfrac{\square}{\square}$

5 가분수를 대분수로 나타내시오.

(1) $\dfrac{7}{3}$　（　　　　　　　　）　　(2) $\dfrac{13}{4}$　（　　　　　　　　　　）

(3) $\dfrac{11}{5}$　（　　　　　　　　）　　(4) $\dfrac{15}{7}$　（　　　　　　　　　　）

6 다음 예시는 몫과 나머지를 이용하여 자연수의 나눗셈을 대분수로 나타내는 방법입니다. ☐ 안에 알맞은 수를 써넣으시오.

> "●를 ■로 나누면 몫은 ▲이고 나머지는 ★이다."
>
> ➡ $● \div ■ = \dfrac{●}{■} = ▲\dfrac{★}{■}$

(1) $5 \div 2 = \dfrac{\square}{\square} = \square\dfrac{\square}{\square}$

(2) $11 \div 3 = \dfrac{\square}{\square} = \square\dfrac{\square}{\square}$

(3) $19 \div 4 = \dfrac{\square}{\square} = \square\dfrac{\square}{\square}$

(4) $24 \div 5 = \dfrac{\square}{\square} = \square\dfrac{\square}{\square}$

1 그림을 보고 ⬜ 안에 알맞은 수를 써넣으시오.

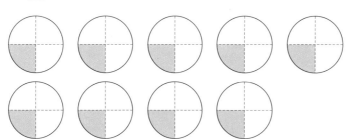

$\dfrac{9}{4} = \boxed{}\dfrac{\boxed{}}{\boxed{}}$

2 그림을 보고 ⬜ 안에 알맞은 수를 써넣으시오.

$\dfrac{8}{3} = \boxed{}\dfrac{\boxed{}}{\boxed{}}$

3 다음 예시처럼 단위분수를 모아 1이 되도록 묶은 다음 가분수를 대분수로 나타내려고 합니다.
⬜ 안에 알맞은 수를 써넣으시오.

$\dfrac{7}{3}$ ➡ ⬜ $\dfrac{1}{3}$ ➡ $\dfrac{7}{3} = 2\dfrac{1}{3}$

$\dfrac{1}{3}\ \dfrac{1}{3}\ \dfrac{1}{3}$ $\dfrac{1}{3}\ \dfrac{1}{3}\ \dfrac{1}{3}$ $\dfrac{1}{3}$

(1) $\dfrac{7}{2}$ ➡ $\dfrac{1}{2}\ \dfrac{1}{2}\ \dfrac{1}{2}\ \dfrac{1}{2}\ \dfrac{1}{2}\ \dfrac{1}{2}\ \dfrac{1}{2}$ ➡ $\dfrac{7}{2} = \boxed{}\dfrac{\boxed{}}{\boxed{}}$

(2) $\dfrac{9}{4}$ ➡ $\dfrac{1}{4}\ \dfrac{1}{4}\ \dfrac{1}{4}\ \dfrac{1}{4}\ \dfrac{1}{4}\ \dfrac{1}{4}\ \dfrac{1}{4}\ \dfrac{1}{4}\ \dfrac{1}{4}$ ➡ $\dfrac{9}{4} = \boxed{}\dfrac{\boxed{}}{\boxed{}}$

4 다음 예시를 이용하여 가분수를 대분수로 바꾸려고 합니다. ☐ 안에 알맞은 수를 써넣으시오.

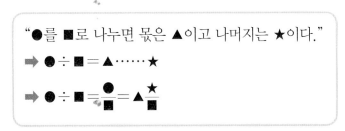

"●를 ■로 나누면 몫은 ▲이고 나머지는 ★이다."

➡ ● ÷ ■ = ▲ ‥‥‥‥ ★

➡ ● ÷ ■ = $\dfrac{●}{■}$ = ▲$\dfrac{★}{■}$

(1) $\dfrac{8}{3}$ ➡ 8 ÷ 3 = ☐ ‥‥‥‥ ☐ ➡ ☐$\dfrac{\boxed{}}{\boxed{}}$

(2) $\dfrac{13}{4}$ ➡ 13 ÷ 4 = ☐ ‥‥‥‥ ☐ ➡ ☐$\dfrac{\boxed{}}{\boxed{}}$

5 다음 예시와 같이 나눗셈식을 이용하여 대분수를 가분수로 바꾸려고 합니다. 나눗셈식을 쓰고 가분수를 대분수로 나타내시오.

$\dfrac{20}{3}$ ➡ **나눗셈식** : $\underline{20 \div 3 = 6 \cdots\cdots 2}$ ➡ $\dfrac{20}{3} = 6\dfrac{2}{3}$

(1) $\dfrac{28}{5}$ ➡ 나눗셈식 : _____ ➡ $\dfrac{28}{5} = \boxed{}$

(2) $\dfrac{65}{9}$ ➡ 나눗셈식 : _____ ➡ $\dfrac{65}{9} = \boxed{}$

6 ☐ 안에 알맞은 수를 써넣으시오.

(1) $4\,)\overline{\,1\;\;1\,}$ ... ➡ $\dfrac{11}{4} = \boxed{}\dfrac{\boxed{}}{4}$

(2) $5\,)\overline{\,1\;\;7\,}$ ... ➡ $\dfrac{17}{5} = \boxed{}\dfrac{\boxed{}}{5}$

7 크기가 같은 가분수와 대분수를 선을 그어 연결하시오.

$\dfrac{17}{5}$ •

$\dfrac{21}{5}$ •

$\dfrac{35}{17}$ •

$\dfrac{55}{17}$ •

• $3\dfrac{4}{17}$

• $4\dfrac{1}{5}$

• $3\dfrac{2}{5}$

• $2\dfrac{1}{17}$

8 가분수를 대분수로 나타내시오.

(1) $\dfrac{38}{6}$ (   ) (2) $\dfrac{57}{9}$ (   )

(3) $\dfrac{48}{13}$ (   ) (4) $\dfrac{77}{25}$ (   )

서술형

9 숫자 카드 3장을 한 번씩 사용하여 만들 수 있는 분수 중에서 가장 작은 가분수를 구하고, 그 가분수를 대분수로 나타내시오.

 2   3   5

정답 ○ 가분수 : _____ , 대분수 : _____

풀이 과정 ○ _____

_____

정답/풀이 → 42쪽

서술형
10 조건을 모두 만족하는 가분수를 구하고, 그 가분수를 대분수로 나타내시오.

> • 가분수의 분모와 분자의 합이 31입니다.
> • 가분수의 분자를 분모로 나누면 몫이 4입니다.
> • 대분수의 각 자리에 쓰인 세 수의 합이 11입니다.

정답 ○ 가분수 : _____ , 대분수 : _____

풀이 과정 ○ _____

_____

서술형
11 두 친구의 대화에서 잘못된 말을 하고 있는 학생을 찾고, 그 이유를 적으시오.

> 선생님 : "가분수 $\dfrac{27}{12}$ 을 대분수로 바꿔볼까요?"
>
> 영표 : "단위분수 $\dfrac{1}{12}$ 이 몇 개 있는지 파악해서 자연수를 분리해주면 됩니다."
>
> 승우 : "그럼 $\dfrac{12}{12}$ 와 $\dfrac{15}{12}$ 로 분리가 가능하니까 대분수 $1\dfrac{15}{12}$ 로 나타낼 수 있어요."

정답 ○ 잘못된 말을 하고 있는 학생 : _____

이유 ○ _____

_____

분모가 같은 분수의 크기 비교

1 분모가 같은 가분수의 크기 비교

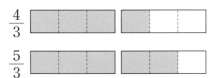

$$\frac{4}{3} \qquad \frac{5}{3}$$

$$4<5$$
$$\frac{④}{3} < \frac{⑤}{3}$$

➡ $\frac{4}{3}$는 $\frac{1}{3}$이 4개이고 $\frac{5}{3}$는 $\frac{1}{3}$이 5개이므로 $\frac{4}{3}$ $\boxed{<}$ $\frac{5}{3}$입니다.

➡ 분모가 같은 가분수는 분자가 클수록 큰 수입니다.

2 분모가 같은 대분수의 크기 비교

(1) 자연수의 크기가 다르면 자연수의 크기를 비교합니다.

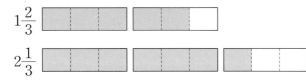

$$1\frac{2}{3} \qquad 2\frac{1}{3}$$

$$①\frac{2}{3} < ②\frac{1}{3}$$
$$1<2$$

➡ 자연수의 크기가 더 큰 대분수가 더 큽니다.

(2) 자연수의 크기가 같으면 분자의 크기를 비교합니다.

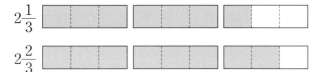

$$2\frac{1}{3} \qquad 2\frac{2}{3}$$

$$1<2$$
$$2\frac{①}{3} < 2\frac{②}{3}$$

➡ 자연수의 크기가 같을 때 분모가 같은 대분수는 분자가 클수록 큰 수입니다.

3 분모가 같은 가분수와 대분수의 크기 비교

가분수 또는 대분수로 같게 나타낸 후 크기를 비교합니다.

$$\frac{8}{3} \bigcirc 3\frac{1}{3}$$

$3\frac{1}{3}=\frac{10}{3}$이므로 $\frac{8}{3}<\frac{10}{3}$ ➡ $\frac{8}{3}<3\frac{1}{3}$

$\frac{8}{3}=2\frac{2}{3}$이므로 $2\frac{2}{3}<3\frac{1}{3}$ ➡ $\frac{8}{3}<3\frac{1}{3}$

깊은생각

● 분수의 크기를 비교할 때는 다음을 이용합니다.

(1) 분모가 같을 때, 분자가 클수록 큰 수입니다.

➡ $\frac{1}{7}<\frac{2}{7}<\frac{3}{7}<\frac{4}{7}<\cdots$ (나누는 수가 같을 때, 나누어지는 수가 클수록 큽니다.)

(2) 분자가 같을 때, 분모가 작을수록 큰 수입니다.

➡ $\frac{7}{2}>\frac{7}{3}>\frac{7}{4}>\frac{7}{5}>\cdots$ (나누어지는 수가 같을 때, 나누는 수가 작을수록 큽니다.)

---

1 분모가 같으면 분자가 클수록 큰 수이므로 분모가 같은 가분수 역시 분자가 클수록 큰 수입니다.

2 (1) $1\frac{2}{3}=\frac{5}{3}$, $2\frac{1}{3}=\frac{7}{3}$

이고 5<7이므로

$1\frac{2}{3}<2\frac{1}{3}$입니다.

(2) $2\frac{1}{3}=\frac{7}{3}$, $2\frac{2}{3}=\frac{8}{3}$

이고 7<8이므로

$2\frac{1}{3}<2\frac{2}{3}$입니다.

1 ◯ 안에 >, =, < 중에서 알맞은 것을 써넣으시오.

(1) $\dfrac{1}{2}$ $\dfrac{1}{2}$ $\dfrac{1}{2}$ ◯ $\dfrac{1}{2}$ $\dfrac{1}{2}$ $\dfrac{1}{2}$ $\dfrac{1}{2}$ $\dfrac{1}{2}$

(2) $\dfrac{1}{3}$ $\dfrac{1}{3}$ $\dfrac{1}{3}$ $\dfrac{1}{3}$ $\dfrac{1}{3}$ $\dfrac{1}{3}$ $\dfrac{1}{3}$ ◯ $\dfrac{1}{3}$ $\dfrac{1}{3}$ $\dfrac{1}{3}$ $\dfrac{1}{3}$ $\dfrac{1}{3}$ $\dfrac{1}{3}$

2 ◯ 안에 >, =, < 중에서 알맞은 것을 써넣으시오.

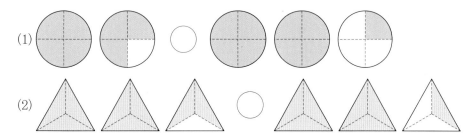

3 ☐ 안에 알맞은 수를 써넣어 대분수를 가분수로 고치고, ◯ 안에 >, =, < 중에서 알맞은 것을 써넣으시오.

(1) $1\dfrac{2}{3}$ ◯ $\dfrac{4}{3}$ ➡ $\dfrac{\Box}{3}$ ◯ $\dfrac{4}{3}$

(2) $\dfrac{9}{4}$ ◯ $2\dfrac{2}{4}$ ➡ $\dfrac{9}{4}$ ◯ $\dfrac{\Box}{4}$

4 ☐ 안에 알맞은 수를 써넣어 가분수를 대분수로 고치고, ◯ 안에 >, =, < 중에서 알맞은 것을 써넣으시오.

(1) $1\dfrac{2}{3}$ ◯ $\dfrac{4}{3}$ ➡ $1\dfrac{2}{3}$ ◯ $\Box\dfrac{\Box}{3}$

(2) $\dfrac{9}{4}$ ◯ $2\dfrac{2}{4}$ ➡ $\Box\dfrac{\Box}{4}$ ◯ $2\dfrac{2}{4}$

1 주어진 분수만큼 색칠하고, ◯ 안에 >, =, < 중에서 알맞은 것을 써넣으시오.

(1) $\dfrac{10}{6}$

$\dfrac{9}{6}$

$$\dfrac{10}{6} \bigcirc \dfrac{9}{6}$$

(2) $\dfrac{7}{4}$

$\dfrac{9}{4}$

$$\dfrac{7}{4} \bigcirc \dfrac{9}{4}$$

2 주어진 분수만큼 색칠하고, ◯ 안에 >, =, < 중에서 알맞은 것을 써넣으시오.

(1)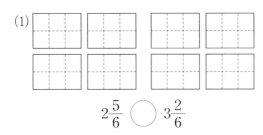

$$2\dfrac{5}{6} \bigcirc 3\dfrac{2}{6}$$

(2)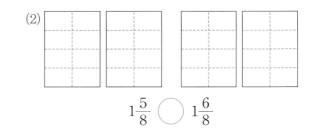

$$1\dfrac{5}{8} \bigcirc 1\dfrac{6}{8}$$

3 그림을 보고 분수의 크기를 비교하여 ◯ 안에 >, =, < 중에서 알맞은 것을 써넣으시오.

(1)

$$1\dfrac{3}{4} \bigcirc \dfrac{6}{4}$$

(2)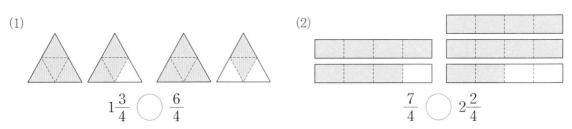

$$\dfrac{7}{4} \bigcirc 2\dfrac{2}{4}$$

정답/풀이 ➔ 44쪽

4 물음에 답하고, ◯ 안에 >, =, < 중에서 알맞은 것을 써넣으시오.

(1) $\frac{8}{5}$은 $\frac{1}{5}$이 몇 개입니까?　　　　　　　(　　　)개

　　$\frac{7}{5}$은 $\frac{1}{5}$이 몇 개입니까?　　　　　　　(　　　)개

　➔ $\frac{8}{5}$ ◯ $\frac{7}{5}$

(2) $1\frac{6}{7}$은 $\frac{1}{7}$이 몇 개입니까?　　　　　　(　　　)개

　　$\frac{15}{7}$는 $\frac{1}{7}$이 몇 개입니까?　　　　　(　　　)개

　➔ $1\frac{6}{7}$ ◯ $\frac{15}{7}$

5 분수를 대분수 또는 가분수로 바꾸고, ◯ 안에 >, =, < 중에서 알맞은 것을 써넣으시오.

(1) 가분수로 비교하기 ➔ $\frac{10}{6}$ ◯ $\frac{\boxed{}}{6}\left(=1\frac{3}{6}\right)$

(2) 대분수로 비교하기 ➔ $1\frac{3}{6}$ ◯ $1\frac{\boxed{}}{6}\left(=\frac{10}{6}\right)$

6 두 분수의 크기를 비교하여 ◯ 안에 >, =, < 중에서 알맞은 것을 써넣으시오.

(1) $\frac{8}{7}$ ◯ $\frac{9}{7}$ 　　　　　　　　　(2) $3\frac{2}{5}$ ◯ $2\frac{4}{5}$

(3) $2\frac{3}{8}$ ◯ $2\frac{5}{8}$ 　　　　　　　　(4) $\frac{11}{3}$ ◯ $3\frac{1}{3}$

1 주어진 분수만큼 색칠하고, ◯ 안에 >, =, < 중에서 알맞은 것을 써넣으시오.

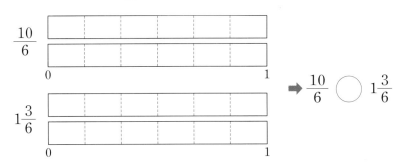

➡ $\frac{10}{6}$ ◯ $1\frac{3}{6}$

2 _____에 알맞은 수를, ◯ 안에 >, =, < 중에서 알맞은 것을 써넣으시오.

(1) $\frac{5}{4}$ 는 $\frac{1}{4}$ 이 _____개, $\frac{7}{4}$ 은 $\frac{1}{4}$ 이 _____개입니다. $\frac{5}{4}$ ◯ $\frac{7}{4}$

(2) $\frac{11}{7}$ 은 $\frac{1}{7}$ 이 _____개, $\frac{8}{7}$ 은 $\frac{1}{7}$ 이 _____개입니다. $\frac{11}{7}$ ◯ $\frac{8}{7}$

3 분수의 크기를 비교하여 ◯ 안에 >, =, < 중에서 알맞은 것을 써넣고, 알맞은 말에 △표 하시오.

(1) $1\frac{2}{5}$ ◯ $2\frac{1}{5}$

자연수 부분의 크기를 비교하면 $1\frac{2}{5}$ 가 $2\frac{1}{5}$ 보다 더 (큽니다, 작습니다).

(2) $3\frac{4}{7}$ ◯ $2\frac{5}{7}$

자연수 부분의 크기를 비교하면 $3\frac{4}{7}$ 가 $2\frac{5}{7}$ 보다 더 (큽니다, 작습니다).

(3) $2\frac{5}{9}$ ◯ $2\frac{4}{9}$

자연수 부분이 같으므로 분자의 크기를 비교하면 $2\frac{5}{9}$ 가 $2\frac{4}{9}$ 보다 더 (큽니다, 작습니다).

4 두 분수의 크기를 비교하여 ◯ 안에 >, =, < 중에서 알맞은 것을 써넣으시오.

(1) $\dfrac{11}{8}$ ◯ $\dfrac{15}{8}$

(2) $3\dfrac{1}{7}$ ◯ $2\dfrac{4}{7}$

(3) $3\dfrac{2}{5}$ ◯ $3\dfrac{4}{5}$

(4) $1\dfrac{3}{4}$ ◯ $\dfrac{5}{4}$

5 가장 큰 수에 ◯표, 가장 작은 수에 △표 하시오.

$$\dfrac{6}{12} \qquad 1\dfrac{5}{12} \qquad \dfrac{13}{12} \qquad \dfrac{7}{12}$$

6 $1\dfrac{2}{7}$보다 크고 $\dfrac{13}{7}$보다 작은 분수를 모두 찾아 ◯표 하시오.

$$\dfrac{6}{7} \qquad \dfrac{8}{7} \qquad \dfrac{10}{7} \qquad \dfrac{12}{7} \qquad \dfrac{14}{7}$$

7 분수의 크기를 비교하여, 큰 수부터 차례대로 쓰시오.

(1) $\dfrac{11}{9}$, $\dfrac{15}{9}$, $\dfrac{9}{9}$ ➡ (   ) > (   ) > (   )

(2) $1\dfrac{5}{10}$, $1\dfrac{7}{10}$, $2\dfrac{1}{10}$ ➡ (   ) > (   ) > (   )

(3) $1\dfrac{1}{3}$, $1\dfrac{2}{3}$, 2 ➡ (   ) > (   ) > (   )

8 □ 안에 들어갈 수 있는 모든 자연수의 합을 구하시오.

$$\dfrac{37}{7} < \square < \dfrac{37}{4}$$

(   )

9 방울토마토 $\dfrac{55}{6}$ kg이 있습니다. 이 방울토마토를 한 봉지에 1 kg씩 담으려고 합니다. 모두 몇 봉지를 담을 수 있습니까?

(   )봉지

서술형

10 □ 안에 들어갈 수 있는 자연수를 모두 구하시오.

$$1\frac{7}{11} \;<\; \frac{\square}{11} \;<\; 2\frac{2}{11}$$

정답 ○ _____

풀이 과정 ○ _____

서술형

11 □ 안에 들어갈 수 있는 자연수 중에서 가장 큰 수를 구하시오.

$$\square\frac{5}{8} \;<\; \frac{45}{8}$$

정답 ○ _____

풀이 과정 ○ _____

서술형

12 세 사람 중에서 몸무게가 가장 무거운 사람은 누구입니까?

상현 : "어제 몸무게가 25 kg이었는데 오늘 밥을 많이 먹어서
1 kg 더 쪘어."

서정 : "어제까지 몸무게가 나랑 똑같았네.
난 방금 전에 재보니까 $25\frac{2}{3}$ kg이었어."

서진 : "둘이 몸무게가 비슷한가보네. 나는 지금 $\frac{80}{3}$ kg이야."

정답 ○ _____

풀이 과정 ○ _____

단원 총정리

1 **전체의 부분만큼의 값 이해하기**

(1) 전체의 분수만큼의 값은 전체를 분모로 나눈 것이 분자의 개수만큼 있다는 뜻입니다.

➡ 6의 $\frac{2}{3}$는 6을 분모 3으로 나눈 것이 2개만큼 있으므로 4입니다.

(2) 전체의 값이 바뀌면 분수만큼의 값도 바뀝니다.

➡ 2의 $\frac{1}{2}$ → 1, 4의 $\frac{1}{2}$ → 2, 8의 $\frac{1}{2}$ → 4

2 **분수의 분류(진분수, 가분수)**

➡ $\frac{1}{3}$, $\frac{2}{3}$와 같이 분자가 분모보다 작은 분수를 진분수라고 합니다.

➡ $\frac{3}{3}$, $\frac{4}{3}$, $\frac{5}{3}$, $\frac{6}{3}$과 같이 분자가 분모와 같거나 분모보다 큰 분수를 가분수라고 합니다.

3 **대분수를 가분수로, 가분수를 대분수로 바꾸기**

(1) 대분수를 가분수로 바꾸는 방법

➡ $\bigstar\frac{\bullet}{\blacksquare} = \bigstar + \frac{\bullet}{\blacksquare} = \frac{\bigstar \times \blacksquare}{\blacksquare} + \frac{\bullet}{\blacksquare} = \frac{\bigstar \times \blacksquare + \bullet}{\blacksquare}$

(2) 가분수를 대분수로 바꾸는 방법

"7을 3으로 나누면 몫은 2이고 나머지는 1이다."

➡ "$7 \div 3 = 2 \cdots\cdots 1$"   ➡ $\frac{7}{3} = 2\frac{1}{3}$

"●를 ■로 나누면 몫은 ▲이고 나머지는 ★이다."

➡ "$\bullet \div \blacksquare = \blacktriangle \cdots\cdots \bigstar$"   ➡ $\frac{\bullet}{\blacksquare} = \blacktriangle\frac{\bigstar}{\blacksquare}$

4 **분모가 같은 분수의 크기 비교**

(1) 분모가 같은 가분수는 분자가 클수록 큰 수입니다.

(2) 자연수의 크기가 같을 때 분모가 같은 대분수는 분자가 클수록 큰 수입니다.

(3) 분모가 같은 가분수와 대분수는 가분수 또는 대분수로 같게 나타낸 후 크기를 비교합니다.

$\frac{8}{3} \bigcirc 3\frac{1}{3}$ 〈 $3\frac{1}{3} = \frac{10}{3}$이므로 $\frac{8}{3} < \frac{10}{3}$ ➡ $\frac{8}{3} < 3\frac{1}{3}$

$\frac{8}{3} = 2\frac{2}{3}$이므로 $2\frac{2}{3} < 3\frac{1}{3}$ ➡ $\frac{8}{3} < 3\frac{1}{3}$

---

1 (1) ■의 $\frac{1}{\bullet}$은 $\blacksquare \times \frac{1}{\bullet}$입니다.

(2) $\blacksquare \times \frac{1}{\bullet} = \blacksquare \div \bullet$입니다.

2 (분자)<(분모) ➡ 진분수
(분자)=(분모) ➡ 가분수
(분자)>(분모) ➡ 가분수

3 (1) $4\frac{2}{3} = 4 + \frac{2}{3}$
$= \frac{4 \times 3}{3} + \frac{2}{3}$
$= \frac{4 \times 3 + 2}{3} = \frac{14}{3}$

(2) 5를 3으로 나누면 몫은 1이고 나머지는 2입니다.
➡ $5 \div 3 = 1 \cdots\cdots 2$
➡ $\frac{5}{3} = 1\frac{2}{3}$

4 (1) 분모가 같을 때, 분자가 클수록 큰 수입니다.
➡ $\frac{1}{7} < \frac{2}{7} < \frac{3}{7} < \frac{4}{7} < \cdots$

(2) 분자가 같을 때, 분모가 작을수록 큰 수입니다.
➡ $\frac{7}{2} > \frac{7}{3} > \frac{7}{4} > \frac{7}{5} > \cdots$

단원평가문제

1 그림을 보고 ☐ 안에 알맞은 수를 써넣으시오.

12는 16의 $\dfrac{\boxed{}}{\boxed{}}$ 입니다.

2 그림을 보고 ☐ 안에 알맞은 수를 써넣으시오.

10의 $\dfrac{3}{5}$ 은 ☐ 입니다.

3 ☐ 안에 알맞은 수를 써넣으시오.

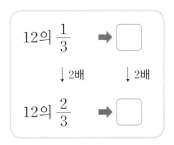

12의 $\dfrac{1}{3}$ ➡ ☐

↓ 2배   ↓ 2배

12의 $\dfrac{2}{3}$ ➡ ☐

4 ☐ 안에 알맞은 수를 써넣으시오.

21을 3씩 묶으면 15는 21의 $\dfrac{\boxed{}}{\boxed{}}$ 입니다.

5 ☐ 안에 알맞은 수를 써넣으시오.

$$21의 \frac{4}{7} 는 40의 \frac{\boxed{}}{10} 과 같습니다.$$

6 호랑이가 떡 15개 중에서 3개를 먹었습니다. 호랑이가 먹은 떡의 개수는 15의 몇 분의 몇입니까?

(   )

7 하랑이의 키는 1 m 20 cm입니다. 태식이의 키는 하랑이의 키의 $\frac{5}{6}$만큼입니다. 태식이의 키는 얼마입니까?

(   )cm

8 예준이네 가족들은 송편 63개를 만들었습니다. 그 중에서 $\frac{6}{9}$만큼을 이웃들에게 나누어주었습니다. 나누어주고 남은 송편은 모두 몇 개입니까?

(   )개

정답/풀이 ➜ 47쪽

9 다음은 상현이의 하루 일과에 대한 설명입니다. 가장 오래 하는 활동에 ○표 하고, 시간을 구하시오.

> • 하루의 $\frac{1}{12}$만큼 독서합니다.
>
> • 하루의 $\frac{3}{24}$만큼 운동합니다.
>
> • 하루의 $\frac{1}{6}$만큼 공부합니다.

(독서, 운동, 공부), (   )시간

10 상자 안에 들어있는 사탕의 $\frac{1}{7}$은 4개입니다. 상자 안에 들어있는 사탕은 모두 몇 개입니까?

(   )개

11 어떤 끈의 $\frac{1}{3}$은 12 m입니다. 이 끈의 $\frac{3}{4}$은 몇 m입니까?

(   ) m

12 ㉠과 ㉡에 알맞은 수의 합을 구하시오.

> • 9는 ㉠의 $\frac{3}{7}$입니다.
>
> • ㉡은 15의 $\frac{3}{5}$입니다.

(   )

13 진분수는 ○표, 가분수는 △표, 자연수는 ☆표, 대분수는 □표 하시오.

$$\frac{11}{17} \qquad \frac{99}{100} \qquad 1\frac{7}{10} \qquad 24\frac{2}{9} \qquad 2022 \qquad \frac{13}{13} \qquad \frac{10}{8}$$

14 분모와 분자의 합이 14이고 차가 4인 가분수가 있습니다. 이 가분수를 구하고, 대분수로 나타내시오.

가분수 (   )

대분수 (   )

15 철수네 집에서 학교까지의 거리는 $4\frac{2}{3}$ km이고 도서관까지의 거리는 $\frac{15}{3}$ km입니다. 철수네 집에서 더 먼 곳은 어디입니까?

(   )

16 □ 안에 공통으로 들어갈 수 있는 모든 자연수들의 합을 구하시오.

- □는 $\frac{9}{4}$보다 큽니다.
- □는 $\frac{27}{4}$보다 작습니다.

(   )

17 대분수를 가분수로 나타낸 것입니다. ☐ 안에 알맞은 수를 구하시오.

$$2\frac{\square}{9} \quad ➡ \quad \frac{23}{9}$$

(   )

18 분수 중에서 $3\frac{1}{3}$보다 크고 $\frac{17}{3}$보다 작은 분수는 모두 몇 개입니까?

$$\frac{8}{3}, \quad 4\frac{2}{3}, \quad 6\frac{1}{3}, \quad 5\frac{1}{3}, \quad \frac{11}{3}, \quad \frac{20}{3}$$

(   )개

19 숫자 카드 3장을 한 번씩 사용하여 만들 수 있는 분수 중에서 가장 큰 가분수를 만들고, 대분수로 나타내시오.

| 2 | 3 | 4 |

(   )

20 ☐ 안에 들어갈 수 있는 모든 자연수들의 합을 구하시오.

$$\frac{38}{6} < \square < \frac{39}{4}$$

(   )

서술형

21 철수와 수민이가 도서관에 가서 책을 읽었습니다. 1시간 동안 철수는 300쪽인 책의 $\frac{4}{10}$ 만큼을 읽었고, 수민이는 270쪽인 책의 $\frac{3}{9}$ 만큼을 읽었습니다. 더 많이 읽은 학생은 누구인가요?

> 정답 ○ _____

> 풀이 과정 ○ _____
>
> _____

서술형

22 4장의 숫자 카드 $\boxed{10}$, $\boxed{9}$, $\boxed{4}$, $\boxed{1}$ 중에서 3장을 골라 대분수를 만들려고 합니다. 조건을 만족하는 대분수를 구하시오.

> 가분수의 분자와 분모의 합이 100입니다.

> 정답 ○ _____

> 풀이 과정 ○ _____
>
> _____

서술형

23 길이가 다른 빨대 3개가 있습니다. 빨간 빨대는 $1\frac{7}{8}$ m, 파란 빨때는 $\frac{14}{8}$ m, 노란 빨대는 $1\frac{5}{8}$ m입니다. 길이가 짧은 빨대부터 순서대로 쓰시오.

> 정답 ○ _____

> 풀이 과정 ○ _____
>
> _____

Never give up!

No pain, no gain!

현직 초등교사 안쌤이랑 공부하면 '분수가 쉬워요!'

쌤이랑 초등수학 분수잡기

3 ^{학년}

안상현 지음 | 고희권 기획

정답 및 해설

쏠티북스

현직 초등교사 안쌤이랑 공부하면 '분수가 쉬워요!'

쌤이랑 초등수학 분수잡기

3 학년

안상현 지음 | 고희권 기획

정답 및 해설

쏠티북스

똑같이 나누기

1 똑같이 둘로 나누어진 도형은 점선을 따라 접었을 때 완전히 포개어집니다.

（ ○ ）　（ ○ ）　（ × ）

（ × ）　（ ○ ）

| 참고 |
원은 원의 중심을 지나는 직선을 그으면 똑같이 둘로 나누어집니다.

2 똑같이 둘로 나누어진 도형은 점선을 따라 접었을 때 완전히 포개어집니다.

（ ○ ）　（ × ）　（ ○ ）

（ × ）　（ ○ ）

3

（ 　 ）　（ 　 ）

（ ○ ）　（ ○ ）

4

똑같이 넷으로 나누기

똑같이 다섯으로 나누기

기본문제 배운 개념 적용하기

1 똑같이 나누어진 도형은 다음과 같습니다.

（ ○ ）

2 똑같이 나누어지지 않은 도형은 다음과 같습니다.

（ ○ ）　　　　（ ○ ）

3 똑같이 나누어진 정사각형은 다음과 같습니다.

（ ○ ）　（ ○ ）　（ ○ ）

4 똑같이 나누어진 도형은 크기와 모양이 모두 같으므로 겹쳤을 때 완전히 포개어집니다.
따라서 똑같이 나누어진 도형은 다, 라입니다.

5 태현이가 나눈 조각들은 크기와 모양이 모두 같지 않습니다.
따라서 도형을 똑같이 나누지 못한 사람은 **태현**이입니다.

6 크기와 모양이 모두 같은 도형이 몇 개 있는지 세어 봅니다.
(1) **5개**
(2) **8개**

본문 p. 14

발전문제 배운 개념 응용하기

1 (1) **나, 마, 바**
(2) 똑같이 나누어진 조각들은 크기와 모양이 모두 같으므로 겹쳤을 때 완전히 포개어집니다.
따라서 똑같이 나누어진 도형은 **가, 다, 라**입니다.

2 똑같이 넷으로 나누어진 도형은 **라, 마, 바**입니다.

3 (1) **라, 마**
(2) **다, 바**

4 정사각형 모양의 피자를 똑같이 2개로 나누는 방법은 다음과 같은 방법 외에도 여러 가지가 있습니다.

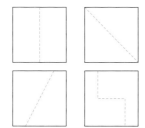

정사각형 모양의 피자를 똑같이 4개로 나누는 방법은 다음과 같은 방법 외에도 여러 가지가 있습니다.

정사각형 모양의 피자를 똑같이 8개로 나누는 방법은 다음과 같은 방법 외에도 여러 가지가 있습니다.

5 상현이가 나눈 조각들은 크기와 모양이 모두 같지 않습니다.
따라서 도형을 똑같이 나누지 못한 사람은 **상현**이입니다.

6 정삼각형을 똑같이 세 조각으로 나누는 방법은 다음과 같은 방법 외에도 여러 가지가 있습니다.

정삼각형을 똑같이 네 조각으로 나누는 방법은 다음과 같은 방법 외에도 여러 가지가 있습니다.

DAY 02 분수 이해하기

바로! 확인문제

본문 p. 17

1 색칠한 부분이 전체의 $\frac{2}{3}$인 그림은 전체를 똑같이 3등분한 것 중의 두 부분에 색칠된 것입니다.

$\frac{1}{3}$　　$\frac{2}{3}$　　$\frac{3}{4}$　　$\frac{2}{4}$

(　　)　(　○　)　(　　)　(　　)

2 색칠한 부분은 전체를 똑같이 2등분한 것

중의 한 부분이므로 $\frac{1}{2}$입니다.

 색칠한 부분은 전체를 똑같이 3등분한 것

중의 한 부분이므로 $\frac{1}{3}$입니다.

 색칠한 부분은 전체를 똑같이 4등분한 것

중의 두 부분이므로 $\frac{2}{4}$입니다.

 색칠한 부분은 전체를 똑같이 5등분한 것

중의 세 부분이므로 $\frac{3}{5}$입니다.

3

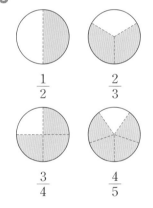

4 (1) $\frac{2}{4}$의 분모는 4입니다. (○)

(2) $\frac{4}{5}$의 분자는 4입니다. (○)

(3) $\frac{5}{7}$는 '7분의 5'라고 읽습니다. (○)

(4) 분모가 0인 분수도 있습니다. (×)
   분모의 자리에는 0이 절대 올 수 없습니다.
   그러나 분자의 자리에는 0이 올 수 있습니다.

 기본문제 배운 개념 적용하기

1 (1) 색칠한 부분은 전체를 똑같이 2로 나눈 것 중의 1
   입니다.
   (2) 색칠한 부분은 전체를 똑같이 4로 나눈 것 중의 1
   입니다.
   (3) 색칠한 부분은 전체를 똑같이 3으로 나눈 것 중
   의 2이므로 $\frac{2}{3}$입니다.
   (4) 색칠한 부분은 전체를 똑같이 5로 나눈 것 중의 3
   이므로 $\frac{3}{5}$입니다.

2 (1) 색칠한 부분은 전체를 똑같이 5로 나눈 것 중의 2
   이므로 $\frac{2}{5}$입니다.
   (2) 색칠한 부분은 전체를 똑같이 7로 나눈 것 중의 5
   이므로 $\frac{5}{7}$입니다.

3 (1) 색칠한 부분은 전체를 똑같이 9로 나눈 것 중의 4
   이므로 $\frac{4}{9}$입니다.
   (2) 색칠한 부분은 전체를 똑같이 12로 나눈 것 중의
   4이므로 $\frac{4}{12}$입니다.

4 (1) 하늘색 부분은 전체를 똑같이 3으로 나눈 것 중의
   2이므로 $\frac{2}{3}$입니다.
   (2) 보라색 부분은 전체를 똑같이 3으로 나눈 것 중의
   1이므로 $\frac{1}{3}$입니다.

5 (1) 5는 분모입니다.
   (2) 3은 분자입니다.
   (3) 5는 분자입니다.
   (4) 8은 분모입니다.

6 (1) $\dfrac{2}{3}$ ➡ 3분의 2

(2) $\dfrac{3}{5}$ ➡ 5분의 3

(3) $\dfrac{4}{7}$ ➡ 7분의 4

(4) $\dfrac{5}{9}$ ➡ 9분의 5

7 분모를 먼저 읽고 분자를 나중에 읽으므로 $\dfrac{3}{4}$은 '4분 의 3'이라고 읽습니다.

따라서 **정국**이가 잘못 읽었습니다.

본문 p. 20

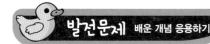

1 (1) 부분 ▭ 은 전체 ▭ 를 똑같이 **5**로 나눈 것 중의 **3**입니다.

전체를 똑같이 나눈 수 : **5**

부분의 수 : **3**

(2) 부분 ▭ 은 전체 ▭ 를 똑같이 **6**으로 나눈 것 중의 **5**입니다.

전체를 똑같이 나눈 수 : **6**

부분의 수 : **5**

2 (1) 색칠한 조각의 수 : 3

전체 조각의 수 : 7

➡ $\dfrac{3}{7}$

(2) 색칠한 조각의 수 : 5

전체 조각의 수 : 9

➡ $\dfrac{5}{9}$

3 (1) 색칠한 조각의 수 : 3

전체 조각의 수 : 5

➡ $\dfrac{3}{5}$

(2) 색칠한 조각의 수 : 4

전체 조각의 수 : 6

➡ $\dfrac{4}{6}$

(3) 색칠한 조각의 수 : 2

전체 조각의 수 : 7

➡ $\dfrac{2}{7}$

(4) 색칠한 조각의 수 : 4

전체 조각의 수 : 10

➡ $\dfrac{4}{10}$

4 색칠한 단추 : $\dfrac{5}{9}$

색칠하지 않은 단추 : $\dfrac{4}{9}$

5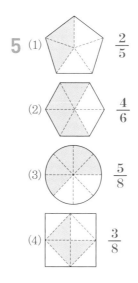

(1) $\dfrac{2}{5}$

(2) $\dfrac{4}{6}$

(3) $\dfrac{5}{8}$

(4) $\dfrac{3}{8}$

6 (1) $\dfrac{4}{6}$ ➡ 6분의 4

(2) $\dfrac{5}{7}$ ➡ 7분의 5

(3) $\dfrac{3}{8}$ ➡ 8분의 3

(4) $\dfrac{2}{9}$ ➡ 9분의 2

7 케이크 하나를 8조각으로 나눈 것 중의 1조각을 먹 었으므로 남은 케이크는 7조각입니다.

따라서 남은 조각은 전체의 $\dfrac{7}{8}$입니다.

분모가 같은 분수의 크기 비교

 바로! 확인문제

본문 p. 23

1 자연수는 1, 2, 3, 4, 5, 6처럼 오른쪽으로 갈수록 1 씩 더 커집니다.

(1) 3 < 5

(2) 7 > 6

(3) 4 = 4

2

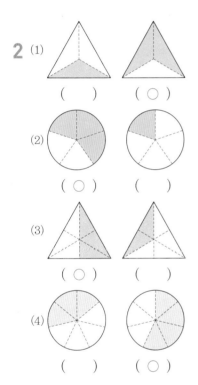

(1) ( ) (○)

(2) (○) ( )

(3) (○) ( )

(4) ( ) (○)

3 (1) $\frac{2}{5}$는 $\frac{1}{5}$이 2개, $\frac{4}{5}$는 $\frac{1}{5}$이 4개이고 2<4이므로 $\frac{2}{5}<\frac{4}{5}$입니다.

(2) $\frac{3}{6}$은 $\frac{1}{6}$이 3개, $\frac{5}{6}$는 $\frac{1}{6}$이 5개이고 3<5이므로 $\frac{3}{6}<\frac{5}{6}$입니다.

4 수직선에서 오른쪽에 있는 수가 더 큰 수입니다.

(1)

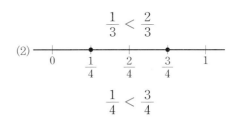

$\frac{1}{3} < \frac{2}{3}$

(2)

$\frac{1}{4} < \frac{3}{4}$

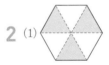

기본문제 배운 개념 적용하기

본문 p. 24

1 (1) $\frac{3}{5}$은 $\frac{1}{5}$이 3개입니다.

(2) $\frac{4}{5}$는 $\frac{1}{5}$이 4개입니다.

(3) 분모가 같으면 분자가 클수록 큰 수입니다.

3<4이므로 $\frac{3}{5}$은 $\frac{4}{5}$보다 더 작습니다.

(4) $\frac{3}{5}<\frac{4}{5}$

2 (1)

색칠한 부분은 전체를 똑같이 6으로 나눈 것 중의 3이므로 $\frac{3}{6}$입니다. 이때 $\frac{3}{6}$은 $\frac{1}{6}$이 3개입니다.

색칠한 부분은 전체를 똑같이 6으로 나눈 것 중의 4이므로 $\frac{4}{6}$입니다. 이때 $\frac{4}{6}$는 $\frac{1}{6}$이 4개입니다.

$\frac{3}{6}$, $\frac{4}{6}$는 분모가 서로 같으므로 분자가 클수록 큰 수입니다.

따라서 $\frac{3}{6}<\frac{4}{6}$입니다.

(2)

색칠한 부분은 전체를 똑같이 8로 나눈 것 중의 4이므로 $\frac{4}{8}$입니다. 이때 $\frac{4}{8}$는 $\frac{1}{8}$이 4개입니다.

색칠한 부분은 전체를 똑같이 8로 나눈 것 중의 3이므로 $\frac{3}{8}$입니다. 이때 $\frac{3}{8}$은 $\frac{1}{8}$이 3개입니다.

$\frac{4}{8}$, $\frac{3}{8}$은 분모가 서로 같으므로 분자가 클수록 큰 수입니다.

따라서 $\frac{4}{8} > \frac{3}{8}$입니다.

3 주어진 분수만큼 색칠하면 다음과 같습니다.

$\frac{2}{7}$

$\frac{4}{7}$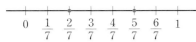

이때 $\frac{2}{7}$는 $\frac{1}{7}$이 2개이고 $\frac{4}{7}$는 $\frac{1}{7}$이 4개입니다.

$\frac{2}{7}$, $\frac{4}{7}$는 분모가 서로 같으므로 분자가 클수록 큰 수입니다.

따라서 $\frac{2}{7} < \frac{4}{7}$입니다.

4 (1) 분수를 수직선에 나타내면 다음과 같습니다.

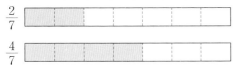

수직선에서 오른쪽에 있는 수가 더 큰 수입니다.

따라서 $\frac{4}{5} > \frac{2}{5}$입니다.

(2) 분수를 수직선에 나타내면 다음과 같습니다.

수직선에서 오른쪽에 있는 수가 더 큰 수입니다.

따라서 $\frac{2}{7} < \frac{5}{7}$입니다.

5 (1) $\frac{2}{4}$는 $\frac{1}{4}$이 2개이므로 2칸을 색칠합니다.

$\frac{4}{4}$는 $\frac{1}{4}$이 4개이므로 4칸을 색칠합니다.

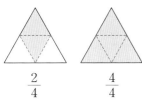

$\frac{2}{4}$ $\quad$ $\frac{4}{4}$

분모가 같으면 분자가 클수록 큰 수입니다.

따라서 2<4이므로 $\frac{2}{4} < \frac{4}{4}$입니다.

(2) $\frac{3}{6}$은 $\frac{1}{6}$이 3개이므로 3칸을 색칠합니다.

$\frac{5}{6}$는 $\frac{1}{6}$이 5개이므로 5칸을 색칠합니다.

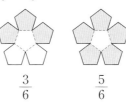

$\frac{3}{6}$ $\quad$ $\frac{5}{6}$

분모가 같으면 분자가 클수록 큰 수입니다.

따라서 3<5이므로 $\frac{3}{6} < \frac{5}{6}$입니다.

(3) $\frac{7}{9} > \frac{3}{9}$

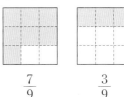

$\frac{7}{9}$ $\quad$ $\frac{3}{9}$

(4) $\frac{10}{12} > \frac{8}{12}$

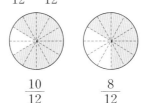

$\frac{10}{12}$ $\quad$ $\frac{8}{12}$

6

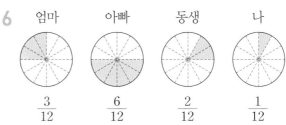

엄마 $\quad$ 아빠 $\quad$ 동생 $\quad$ 나

$\frac{3}{12}$ $\quad$ $\frac{6}{12}$ $\quad$ $\frac{2}{12}$ $\quad$ $\frac{1}{12}$

엄마는 피자를 똑같이 12로 나눈 것 중의 3만큼 먹었으므로 엄마는 전체의 $\frac{3}{12}$을 먹었습니다.

아빠는 전체의 $\frac{6}{12}$, 동생은 $\frac{2}{12}$, 나는 $\frac{1}{12}$을 먹었습니다.

따라서 가장 많이 먹은 사람은 아빠입니다.

본문 p. 26

발전문제 배운 개념 응용하기

1 (1) $\frac{2}{5}$는 $\frac{1}{5}$이 2개, $\frac{3}{5}$은 $\frac{1}{5}$이 3개입니다.

분모가 같으면 분자가 클수록 큰 수입니다.

따라서 $\frac{2}{5} < \frac{3}{5}$입니다.

(2) $\frac{5}{6}$는 $\frac{1}{6}$이 5개, $\frac{4}{6}$는 $\frac{1}{6}$이 4개입니다.

분모가 같으면 분자가 클수록 큰 수입니다.

따라서 $\frac{5}{6} > \frac{4}{6}$입니다.

2 (1) 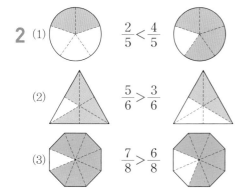 $\frac{2}{5} < \frac{4}{5}$

(2) $\frac{5}{6} > \frac{3}{6}$

(3) $\frac{7}{8} > \frac{6}{8}$

3 (1) 분수를 수직선에 나타내면 다음과 같습니다.

$$\begin{array}{c}
\vdash \quad \vdash \quad \vdash \quad \bullet \quad \vdash \quad \bullet \quad \vdash \\
0 \quad \frac{1}{6} \quad \frac{2}{6} \quad \frac{3}{6} \quad \frac{4}{6} \quad \frac{5}{6} \quad 1
\end{array}$$

$$\frac{3}{6} < \frac{5}{6}$$

(2) 분수를 수직선에 나타내면 다음과 같습니다.

$$\begin{array}{c}
\vdash \quad \bullet \quad \vdash \quad \vdash \quad \bullet \quad \vdash \quad \bullet \quad \vdash \\
0 \quad \frac{1}{8} \quad \frac{2}{8} \quad \frac{3}{8} \quad \frac{4}{8} \quad \frac{5}{8} \quad \frac{6}{8} \quad \frac{7}{8} \quad 1
\end{array}$$

$$\frac{2}{8} < \frac{5}{8} < \frac{7}{8}$$

4 (1) $\frac{1}{7}$이 3개인 수는 $\frac{3}{7}$이고 $\frac{1}{7}$이 5개인 수는 $\frac{5}{7}$입니다.

분모가 같으면 분자가 클수록 큰 수입니다.

$\frac{1}{7}$이 3개인 수 $<$ $\frac{1}{7}$이 5개인 수

(2) $\frac{1}{13}$이 10개인 수는 $\frac{10}{13}$이고 $\frac{1}{13}$이 7개인 수는 $\frac{7}{13}$입니다.

분모가 같으면 분자가 클수록 큰 수입니다.

$\frac{1}{13}$이 10개인 수 $>$ $\frac{1}{13}$이 7개인 수

5 (1) 분모가 같으면 분자가 작을수록 작은 수입니다.

$\frac{\square}{6} < \frac{4}{6}$에서 분모가 같으므로 $\square < 4$입니다.

따라서 $\square = 1, 2, 3$입니다.

(2) 분모가 같으면 분자가 작을수록 작은 수입니다.

$\frac{7}{9} > \frac{\square}{9}$에서 분모가 같으므로 $7 > \square$입니다.

따라서 $\square = 6, 5, 4$입니다.

6 분모가 같으면 분자가 클수록 큰 수입니다.

(1) $\frac{4}{4} > \frac{3}{4}$

(2) $\frac{3}{8} < \frac{4}{8}$

(3) $\frac{9}{13} > \frac{7}{13}$

(4) $\frac{7}{17} < \frac{12}{17}$

7 분모가 같으면 분자가 클수록 큰 수이고 분자가 작을수록 작은 수입니다.

(1) 가장 큰 분수 : $\frac{10}{11}$

가장 작은 분수 : $\frac{2}{11}$

(2) 가장 큰 분수 : $\frac{16}{17}$

가장 작은 분수 : $\frac{2}{17}$

8 분모가 같으면 분자가 클수록 큰 수이고 분자가 작을수록 작은 수입니다.

3보다 크고 6보다 작은 수는 4, 5이므로 구하는 분수는 $\frac{4}{7}$, $\frac{5}{7}$입니다.

9 분모가 같으면 분자가 클수록 큰 수입니다.

(1) $\frac{7}{9} > \frac{4}{9} > \frac{2}{9}$

(2) $\frac{2}{10} < \frac{5}{10} < \frac{9}{10}$

10 분모가 같으면 분자가 클수록 큰 수입니다.

태식이가 마신 우유는 전체의 $\frac{1}{3}$이고 $\frac{2}{3} > \frac{1}{3}$이므로 우유를 더 많이 마신 사람은 **지혜**입니다.

11 분모가 같으면 분자가 클수록 큰 수입니다.

$\dfrac{3}{7} < \dfrac{4}{7}$이므로 **거북**이가 더 많이 움직였습니다.

12 분모가 같으면 분자가 클수록 큰 수입니다.

$\dfrac{4}{12} < \dfrac{\square}{12} < \dfrac{11}{12}$에서 $4 < \square < 11$이므로

$\square = 5, 6, 7, 8, 9, 10$이므로 모두 **6**개입니다.

단위분수

바로! 확인문제

본문 p. 31

1 분수 $\dfrac{1}{2}$, $\dfrac{1}{3}$, $\dfrac{1}{4}$, $\cdots$ 중에서 분자가 1인 분수를 단위분수라고 합니다.

따라서 단위분수가 아닌 것은 $\dfrac{1}{1}$과 $\dfrac{2}{3}$이고 단위분수인 것은 $\dfrac{1}{2}$과 $\dfrac{1}{4}$입니다.

2 (1) 색칠한 부분은 전체를 똑같이 **3**으로 나눈 것 중의 1이므로 $\dfrac{1}{3}$입니다.

(2) 색칠한 부분은 전체를 똑같이 **5**로 나눈 것 중의 1이므로 $\dfrac{1}{5}$입니다.

3

$\dfrac{1}{3}$ $\dfrac{1}{4}$ $\dfrac{1}{8}$

4 (1) $\dfrac{2}{3}$는 단위분수 $\dfrac{1}{3}$이 **2**개입니다.

(2) $\dfrac{3}{4}$은 단위분수 $\dfrac{1}{4}$이 3개입니다.

본문 p. 32

기본문제 배운 개념 적용하기

1 분수 $\dfrac{1}{2}$, $\dfrac{1}{3}$, $\dfrac{1}{4}$, $\cdots$ 중에서 분자가 1인 분수를 단위분수라고 합니다.

(1) $\dfrac{1}{2}$, $\dfrac{1}{6}$, $\dfrac{1}{7}$

(2) $\dfrac{1}{26}$, $\dfrac{1}{13}$

2 (1) $\dfrac{1}{2}$은 전체를 똑같이 2로 나눈 것 중의 1입니다.

(2) $\dfrac{1}{4}$은 전체를 똑같이 4로 나눈 것 중의 1입니다.

(3) $\dfrac{1}{7}$은 전체를 똑같이 7로 나눈 것 중의 1입니다.

(4) $\dfrac{1}{16}$은 전체를 똑같이 16으로 나눈 것 중의 1입니다.

3 $\dfrac{1}{6}$

$\dfrac{1}{12}$

$\dfrac{1}{8}$

$\dfrac{1}{10}$

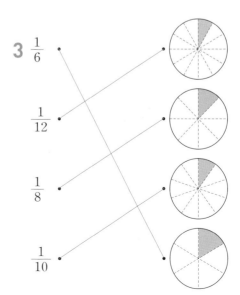

4 (1) $\frac{1}{6}$ ➡ 전체를 **6**으로 등분한 것 중의 1입니다.

(2) $\frac{1}{4}$ ➡ 전체를 4로 등분한 것 중의 1입니다.

5 (1)
$\frac{1}{7}$	$\frac{1}{7}$	$\frac{1}{7}$	$\frac{1}{7}$	$\frac{1}{7}$	$\frac{1}{7}$	$\frac{1}{7}$

$\frac{4}{7}$ 는 $\frac{1}{7}$ 이 **4**개입니다.

(2)
$\frac{1}{9}$	$\frac{1}{9}$	$\frac{1}{9}$	$\frac{1}{9}$	$\frac{1}{9}$	$\frac{1}{9}$	$\frac{1}{9}$	$\frac{1}{9}$	$\frac{1}{9}$

$\frac{7}{9}$ 은 $\frac{1}{9}$ 이 7개입니다.

6 (1) $\frac{1}{6}$ 이 3개이면 $\frac{3}{6}$ 입니다.

(2) $\frac{3}{8}$ 은 $\frac{1}{8}$ 이 **3**개입니다.

(3) $\frac{5}{9}$ 는 $\frac{1}{9}$ 이 5개입니다.

(4) $\frac{1}{10}$ 이 10개이면 **1**입니다.

본문 p. 34

 발전문제 배운 개념 응용하기

1 (1) 1을 똑같이 두 칸으로 나누었고 그 중에서 한 칸이므로 $\frac{1}{2}$ 입니다.

(2) 1을 똑같이 네 칸으로 나누었고 그 중에서 한 칸이므로 $\frac{1}{4}$ 입니다.

(3) 1을 똑같이 다섯 칸으로 나누었고 그 중에서 한 칸이므로 $\frac{1}{5}$ 입니다.

2 (1) 색칠한 부분은 전체를 똑같이 6으로 나눈 것 중의 1이므로 $\frac{1}{6}$ 입니다.

(2) 색칠한 부분은 전체를 똑같이 8로 나눈 것 중의 1이므로 $\frac{1}{8}$ 입니다.

3 (1) $\frac{1}{2}$ 은 전체를 똑같이 2로 나눈 것 중의 1입니다.

(2) $\frac{1}{3}$ 은 전체를 똑같이 3으로 나눈 것 중의 1입니다.

(3) $\frac{1}{4}$ 은 전체를 똑같이 4로 나눈 것 중의 1입니다.

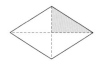

(4) $\frac{1}{7}$ 은 전체를 똑같이 7로 나눈 것 중의 1입니다.

4

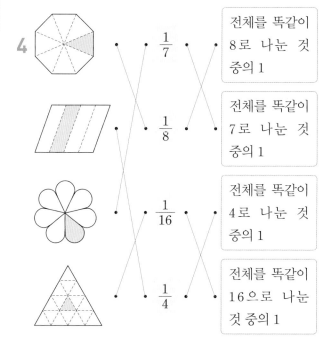

5 (1)

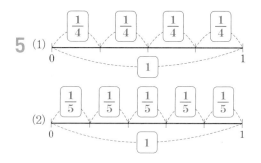

(2)

6 분수 $\frac{1}{2}$, $\frac{1}{3}$, $\frac{1}{4}$, … 중에서 분자가 1인 분수를 단위 분수라고 합니다.

분모와 분자의 합이 10이므로 분모는 9입니다.

따라서 조건에 맞는 분수는 $\frac{1}{9}$입니다.

7 ・$\frac{3}{7}$은 $\frac{1}{7}$이 3개입니다.

・$\frac{2}{6}$는 $\frac{1}{6}$이 2개입니다.

따라서 가=3, 나=6이므로 가+나=3+6=9입니다.

8 피자 한 판을 7조각으로 나누었으므로 피자 한 조각은 전체의 $\frac{1}{7}$입니다.

피자 한 판은 $\frac{1}{7}$이 7개입니다.

9 전체를 5등분한 분수이므로 분모는 5입니다.

분수 $\frac{1}{2}$, $\frac{1}{3}$, $\frac{1}{4}$, … 중에서 분자가 1인 분수를 단위 분수라고 합니다.

따라서 조건에 맞는 분수는 $\frac{1}{5}$입니다.

10 (1) $\frac{1}{7}$이 **5**개이면 $\frac{5}{7}$입니다.

(2) $\frac{4}{9}$는 $\frac{1}{9}$이 **4**개입니다.

(3) $\frac{7}{10}$은 $\frac{1}{10}$이 **7**개입니다.

(4) $\frac{1}{12}$이 **12**개이면 1입니다.

11 (1) 초록색 땅 : $\frac{1}{4}$

초록으로 색칠한 부분은 전체를 똑같이 4로 나눈것 중의 1이므로 $\frac{1}{4}$입니다.

(2) 빨강색 땅 : $\frac{1}{8}$

빨강으로 색칠한 부분은 전체를 똑같이 8로 나눈것 중의 1이므로 $\frac{1}{8}$입니다.

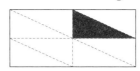

(3) 파랑색 땅 : $\frac{1}{16}$

파랑으로 색칠한 부분은 전체를 똑같이 16으로 나눈것 중의 1이므로 $\frac{1}{16}$입니다.

12 1번 접었을 때 :

정사각형 모양의 색종이를 그림과 같이 한 번 접으면 크기가 처음 정사각형의 $\frac{1}{2}$인 삼각형 모양의 색종이 2개가 만들어집니다.

2번 접었을 때 :

삼각형 모양의 색종이를 2번 접으면 크기가 처음 정사각형의 $\frac{1}{4}$인 삼각형 모양의 색종이 4개가 만들어집니다.

3번 접었을 때 :

삼각형 모양의 색종이를 3번 접으면 크기가 처음 정사각형의 $\frac{1}{8}$인 삼각형 모양의 색종이 8개가 만들어집니다.

단위분수의 크기 비교

바로! 확인문제
본문 p. 39

1 단위분수에서처럼 분자가 같은 분수는 분모가 작을 수록 더 커집니다.

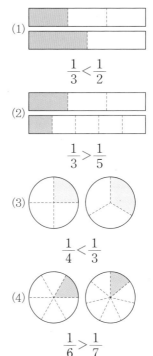

(1)
$$\frac{1}{3} < \frac{1}{2}$$

(2)
$$\frac{1}{3} > \frac{1}{5}$$

(3)
$$\frac{1}{4} < \frac{1}{3}$$

(4)
$$\frac{1}{6} > \frac{1}{7}$$

2 단위분수에서처럼 분자가 같은 분수는 분모가 작을 수록 더 커집니다.

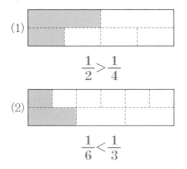

(1)
$$\frac{1}{2} > \frac{1}{4}$$

(2)
$$\frac{1}{6} < \frac{1}{3}$$

3 수직선에서는 오른쪽으로 갈수록 더 커집니다.

$$\frac{1}{3} > \frac{1}{5}$$

4 단위분수에서처럼 분자가 같은 분수는 분모가 작을 수록 더 커집니다.

(1) $\frac{1}{2} > \frac{1}{3}$

(2) $\frac{1}{4} < \frac{1}{3}$

(3) $\frac{1}{4} > \frac{1}{5}$

(4) $\frac{1}{6} < \frac{1}{5}$

본문 p. 40

기본문제 배운 개념 적용하기

1 단위분수에서처럼 분자가 같은 분수는 분모가 작을 수록 더 커집니다.

(1) 왼쪽 그림에서 색칠한 부분은 전체를 똑같이 4로 나눈 것 중의 1이므로 $\frac{1}{4}$입니다.

오른쪽 그림에서 색칠한 부분은 전체를 똑같이 6 으로 나눈 것 중 1이므로 $\frac{1}{6}$입니다.

색칠한 부분의 크기를 비교하면 분모가 작은 분 수가 더 큽니다.

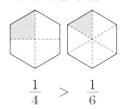

$$\frac{1}{4} > \frac{1}{6}$$

(2) 왼쪽 그림에서 색칠한 부분은 전체를 똑같이 9로 나눈 것 중의 1이므로 $\frac{1}{9}$입니다.

오른쪽 그림에서 색칠한 부분은 전체를 똑같이 3 으로 나눈 것 중의 1이므로 $\frac{1}{3}$입니다.

색칠한 부분의 크기를 비교하면 분모가 작은 분 수가 더 큽니다.

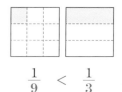

$$\frac{1}{9} < \frac{1}{3}$$

2 단위분수에서처럼 분자가 같은 분수는 분모가 작을수록 더 커집니다.

(1) $\frac{1}{2}$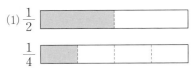

$\frac{1}{4}$

색칠한 부분의 크기를 비교하면 $\frac{1}{2}>\frac{1}{4}$입니다.

(2) $\frac{1}{4}$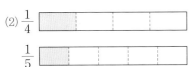

$\frac{1}{5}$

색칠한 부분의 크기를 비교하면 $\frac{1}{4}>\frac{1}{5}$입니다.

3 수직선에서는 오른쪽으로 갈수록 더 커집니다.

(1) $\frac{1}{3}$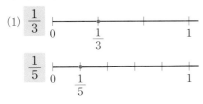

$\frac{1}{5}$

따라서 $\frac{1}{3}>\frac{1}{5}$입니다.

(2) $\frac{1}{4}$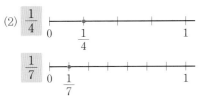

$\frac{1}{7}$

따라서 $\frac{1}{4}>\frac{1}{7}$입니다.

4 단위분수에서처럼 분자가 같은 분수는 분모가 작을수록 더 커집니다.

$\frac{1}{9}$, $\frac{1}{10}$, $\frac{1}{6}$, $\frac{1}{12}$, $\frac{1}{8}$은 모두 분자가 1인 단위분수이므로 $\frac{1}{9}$보다 큰 분수는 분모가 9보다 작은 $\frac{1}{6}$, $\frac{1}{8}$입니다.

5 (1) $\frac{1}{7}$, $\frac{1}{10}$, $\frac{1}{5}$, $\frac{1}{9}$은 모두 분자가 1인 단위분수입니다.

이와 같은 단위분수는 분모가 작을수록 더 커집니다.

가장 큰 분수는 $\frac{1}{5}$이고 가장 작은 분수는 $\frac{1}{10}$입니다.

(2) $\frac{1}{13}$, $\frac{1}{9}$, $\frac{1}{11}$, $\frac{1}{7}$은 모두 분자가 1인 단위분수입니다.

이와 같은 단위분수는 분모가 작을수록 더 커집니다.

가장 큰 분수는 $\frac{1}{7}$이고 가장 작은 분수는 $\frac{1}{13}$입니다.

6 단위분수에서처럼 분자가 같은 분수는 분모가 작을수록 더 커지고 분모가 클수록 더 작아집니다.

따라서 □ 안에 들어갈 수 있는 자연수는 4, 5, 6입니다.

7 $\frac{1}{3}$, $\frac{1}{6}$, $\frac{1}{4}$, $\frac{1}{8}$은 모두 분자가 1인 단위분수입니다.

이와 같은 단위분수는 분모가 작을수록 더 커집니다.

따라서 $3<4<6<8$이므로 $\frac{1}{8}<\frac{1}{6}<\frac{1}{4}<\frac{1}{3}$입니다.

본문 p. 42

발전문제 배운 개념 응용하기

1 단위분수에서처럼 분자가 같은 분수는 분모가 작을수록 더 커집니다.

(1) $\frac{1}{4}$, $\frac{1}{3}$은 분자가 모두 1인 단위분수입니다.

$4>3$이므로 $\frac{1}{4}<\frac{1}{3}$입니다.

(2) $\frac{1}{8}$, $\frac{1}{6}$은 분자가 모두 1인 단위분수입니다.

$8>6$이므로 $\frac{1}{8}<\frac{1}{6}$입니다.

(3) $\frac{1}{11}$, $\frac{1}{12}$은 분자가 모두 1인 단위분수입니다.

$11<12$이므로 $\frac{1}{11}>\frac{1}{12}$입니다.

(4) $\frac{1}{10}$, $\frac{1}{100}$은 분자가 모두 1인 단위분수입니다.

$10<100$이므로 $\frac{1}{10}>\frac{1}{100}$입니다.

2 (가) 1을 똑같이 두 칸으로 나누었고 그 중에서 한 칸

이므로 $\frac{1}{2}$입니다.

(나) 1을 똑같이 세 칸으로 나누었고 그 중에서 한 칸
이므로 $\frac{1}{3}$입니다.

(다) 1을 똑같이 네 칸으로 나누었고 그 중에서 한 칸
이므로 $\frac{1}{4}$입니다.

단위분수에서처럼 분자가 같은 분수는 분모가 작을수록 더 커집니다.

(1) $\frac{1}{2}$, $\frac{1}{3}$은 분자가 모두 1인 단위분수입니다.

2<3이므로 $\frac{1}{2}$>$\frac{1}{3}$입니다.

(2) $\frac{1}{3}$, $\frac{1}{4}$은 분자가 모두 1인 단위분수입니다.

3<4이므로 $\frac{1}{3}$>$\frac{1}{4}$입니다.

3 단위분수에서처럼 분자가 같은 분수는 분모가 작을수록 더 커지고 분모가 클수록 더 작아집니다.

(1) $\frac{1}{6}$, $\frac{1}{3}$은 분자가 모두 1인 단위분수입니다.

$\frac{1}{6}$<□<$\frac{1}{3}$이므로 단위분수 □의 분모는 5, 4입니다.

조건을 만족하는 단위분수는 $\frac{1}{5}$, $\frac{1}{4}$로 2개입니다.

(2) $\frac{1}{11}$, $\frac{1}{7}$은 분자가 모두 1인 단위분수입니다.

$\frac{1}{11}$<□<$\frac{1}{7}$이므로 단위분수 □의 분모는 10, 9, 8입니다.

조건을 만족하는 단위분수는 $\frac{1}{10}$, $\frac{1}{9}$, $\frac{1}{8}$로 3개입니다.

4 단위분수에서처럼 분자가 같은 분수는 분모가 작을수록 더 커지고 분모가 클수록 더 작아집니다.

(1) $\frac{1}{8}$, $\frac{1}{9}$, $\frac{1}{2}$은 모두 분자가 1인 단위분수입니다.

가장 큰 분수는 $\frac{1}{2}$이고 가장 작은 분수는 $\frac{1}{9}$입니다.

(2) $\frac{1}{15}$, $\frac{1}{20}$, $\frac{1}{10}$은 모두 분자가 1인 단위분수입니다.

가장 큰 분수는 $\frac{1}{10}$이고 가장 작은 분수는 $\frac{1}{20}$입니다.

5 단위분수에서처럼 분자가 같은 분수는 분모가 작을수록 더 커집니다.

분자가 1로 같으므로 $\frac{1}{4}$<$\frac{1}{□}$에서 4>□입니다.

□=3, 2입니다.

6 ・단위분수입니다.

분수 $\frac{1}{2}$, $\frac{1}{3}$, $\frac{1}{4}$, … 중에서 분자가 1인 분수를 단위분수라고 합니다.

・$\frac{1}{4}$보다 작은 분수입니다.

단위분수 중에서 $\frac{1}{4}$보다 작은 분수는 분모가 4보다 큰 $\frac{1}{5}$, $\frac{1}{6}$, $\frac{1}{7}$, $\frac{1}{8}$, …입니다.

・분모는 8보다 작습니다.

이 중에서 분모가 8보다 작은 분수는 $\frac{1}{5}$, $\frac{1}{6}$, $\frac{1}{7}$입니다.

7 (1) 단위분수 중에서 $\frac{1}{4}$보다 큰 분수는 분모가 4보다 작은 $\frac{1}{3}$, $\frac{1}{2}$입니다.

(2) 단위분수 중에서 $\frac{1}{7}$보다 큰 분수는 분모가 7보다 작은 $\frac{1}{6}$, $\frac{1}{5}$, $\frac{1}{4}$, $\frac{1}{3}$, $\frac{1}{2}$입니다.

8 분자가 1인 단위분수는 분모가 작을수록 더 커집니다.

단위분수 중에서 $\frac{1}{6}$보다 큰 분수는 분모가 6보다 작은 $\frac{1}{5}$, $\frac{1}{4}$, $\frac{1}{3}$, $\frac{1}{2}$입니다.

이 중에서 가장 작은 단위분수는 $\frac{1}{5}$입니다.

9 단위분수는 분자가 1이고 분모가 작을수록 큰 수입니다.

3<5<7이므로 가장 큰 단위분수는 가장 작은 수인 3을 분모로 하는 $\frac{1}{3}$입니다.

10 단위분수에서처럼 분자가 같은 분수는 분모가 작을수록 더 커집니다.

$\frac{1}{3} > \frac{1}{5}$이므로 더 큰 분수는 $\frac{1}{3}$입니다.

따라서 우유를 더 많이 마신 사람은 상현이입니다.

11 $\frac{5}{7}$는 $\frac{1}{7}$이 5개인 수이고, $\frac{7}{9}$은 $\frac{1}{9}$이 7개인 수입니다.

㉠=$\frac{1}{7}$, ㉡=$\frac{1}{9}$

단위분수에서처럼 분자가 같은 분수는 분모가 작을수록 더 커집니다.

7<9이므로 더 큰 분수는 $\frac{1}{7}$입니다.

12 • 단위분수 3개가 모여야 합니다.
분자가 1인 단위분수가 3개 모이므로 분자는 3입니다.
• 분모와 분자의 합이 10입니다.
분모와 분자의 합이 10이므로 분모는 7입니다.
• $\frac{1}{7}$보다는 크고, $\frac{5}{7}$보다는 작아야 합니다.

두 조건을 만족하는 $\frac{3}{7}$은 마지막 조건 '$\frac{1}{7}$보다는 크고, $\frac{5}{7}$보다는 작아야 합니다.'도 만족합니다.

따라서 세 조건을 모두 만족하는 분수는 $\frac{3}{7}$입니다.

크기가 같은 분수

 바로! 확인문제   본문 p. 47

1

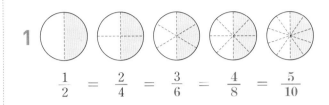

$$\frac{1}{2} = \frac{2}{4} = \frac{3}{6} = \frac{4}{8} = \frac{5}{10}$$

2 (1) 전체를 똑같이 4로 나눈 것 중의 1은 전체를 똑같이 8로 나눈 것 중의 2와 같습니다.

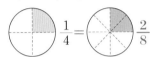

(2) 전체를 똑같이 4로 나눈 것 중의 3은 전체를 똑같이 8로 나눈 것 중의 6과 같습니다.

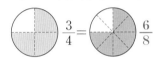

3 분모와 분자에 각각 0이 아닌 같은 수를 곱하면 같은 크기의 분수가 됩니다.
또한 분모와 분자를 각각 0이 아닌 수로 나누면 같은 크기의 분수가 됩니다.

(1) $\frac{1}{3}$의 분모와 분자에 각각 2를 곱하면 같은 크기의 분수 $\frac{2}{6}$가 됩니다.

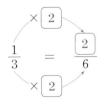

(2) $\frac{3}{5}$의 분모와 분자에 각각 2를 곱하면 같은 크기의 분수 $\frac{6}{10}$이 됩니다.

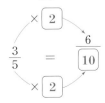

(3) $\frac{2}{4}$의 분모와 분자를 각각 2로 나누면 같은 크기의

분수 $\frac{1}{2}$이 됩니다.

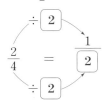

(4) $\frac{6}{8}$의 분모와 분자를 각각 2로 나누면 같은 크기의

분수 $\frac{3}{4}$이 됩니다.

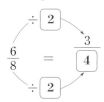

4 (1) 분모와 분자에 각각 0이 아닌 같은 수를 곱하면 같은 크기의 분수가 됩니다.

$\frac{2}{3}$의 분모와 분자에 각각 2를 곱하면

$$\frac{2}{3} = \frac{2 \times 2}{3 \times 2} = \frac{4}{6}$$

가 됩니다.

(2) 분모와 분자를 각각 0이 아닌 수로 나누면 같은 크기의 분수가 됩니다.

$\frac{6}{18}$의 분모와 분자를 각각 2로 나누면

$$\frac{6}{18} = \frac{6 \div 2}{18 \div 2} = \frac{3}{9}$$

이 됩니다.

본문 p. 48

 기본문제 배운 개념 적용하기

1 (1) 왼쪽 그림에서 색칠한 부분은 전체를 똑같이 3으로 나눈 것 중의 2이므로 $\frac{2}{3}$입니다.

왼쪽 그림에서 색칠한 부분만큼 오른쪽 그림에 색칠하면 다음과 같습니다.

이때 오른쪽 그림에서 색칠한 부분은 전체를 똑같이 6으로 나눈 것 중의 4이므로 $\frac{4}{6}$입니다.

(2) 왼쪽 그림에서 색칠한 부분은 전체를 똑같이 4로 나눈 것 중의 2이므로 $\frac{2}{4}$입니다.

왼쪽 그림에서 색칠한 부분만큼 오른쪽 그림에 색칠하면 다음과 같습니다.

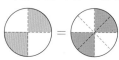

이때 오른쪽 그림에서 색칠한 부분은 전체를 똑같이 8로 나눈 것 중 4이므로 $\frac{4}{8}$입니다.

2 (1) 분수 $\frac{1}{4}$은 전체를 똑같이 4로 나눈 것 중의 1이고

분수 $\frac{2}{8}$는 전체를 똑같이 8로 나눈 것 중의 2입니다.

두 분수 $\frac{1}{4}$, $\frac{2}{8}$만큼 그림에 색칠하면 다음과 같이 색칠한 부분의 크기가 같다는 것을 알 수 있으므로 $\frac{1}{4} = \frac{2}{8}$입니다.

(2) 분수 $\frac{4}{8}$는 전체를 똑같이 8로 나눈 것 중의 4이고

분수 $\frac{2}{4}$는 전체를 똑같이 4로 나눈 것 중의 2입니다.

두 분수 $\frac{4}{8}$, $\frac{2}{4}$만큼 그림에 색칠하면 다음과 같이 색칠한 부분의 크기가 같다는 것을 알 수 있으므로 $\frac{4}{8} = \frac{2}{4}$입니다.

3 (1) 왼쪽 그림은 전체를 똑같이 3으로 나눈 것 중의 1 이므로 $\frac{1}{3}$입니다.

$$\frac{1}{3} = \bigcirc = \bigcirc = \bigcirc$$

이때 그림에서 알 수 있듯이 $\frac{1}{3} = \frac{2}{6} = \frac{3}{9}$입니다.

(2) 왼쪽 그림은 전체를 똑같이 5로 나눈 것 중의 1

이므로 $\frac{1}{5}$입니다.

$$\frac{1}{5} = \bigcirc = \bigcirc$$

이때 그림에서 알 수 있듯이 $\frac{1}{5} = \frac{2}{10}$입니다.

4 첫번째 수직선에 나타낸 분수는 1을 똑같이 3으로

나눈 것 중의 1이므로 $\frac{1}{3}$입니다.

두 번째 수직선에 나타낸 분수는 1을 똑같이 6으로

나눈 것 중의 2이므로 $\frac{2}{6}$입니다.

수직선에서 두 분수 $\frac{1}{3}$, $\frac{2}{6}$가 나타내는 눈금의 위치

가 같으므로 $\frac{1}{3} = \frac{2}{6}$입니다.

5 (1) 분수 $\frac{1}{5}$의 분모와 분자 모두에 **2**를 곱한 것이므

로 $\frac{1}{5} = \frac{2}{10}$입니다.

(2) 분수 $\frac{8}{24}$의 분모와 분자 모두를 **4**로 나눈 것이므

로 $\frac{8}{24} = \frac{2}{6}$입니다.

6 (1) 분수 $\frac{1}{3}$의 분모와 분자 모두에 8을 곱한 것이므로

$\frac{1}{3} = \frac{1 \times 8}{3 \times 8} = \frac{8}{24}$입니다.

(2) 분수 $\frac{2}{4}$의 분모와 분자 모두에 4를 곱한 것이므로

$\frac{2}{4} = \frac{2 \times 4}{4 \times 4} = \frac{8}{16}$입니다.

(3) 분수 $\frac{15}{20}$의 분모와 분자 모두를 5로 나눈 것이므

로 $\frac{15}{20} = \frac{15 \div 5}{20 \div 5} = \frac{3}{4}$입니다.

(4) 분수 $\frac{20}{24}$의 분모와 분자 모두를 4로 나눈 것이므

로 $\frac{20}{24} = \frac{20 \div 4}{24 \div 4} = \frac{5}{6}$입니다.

발전문제 배운 개념 응용하기

1 (1) 왼쪽 그림에서 색칠한 부분은 전체를 똑같이 3으

로 나눈 것 중의 1이므로 $\frac{1}{3}$입니다.

오른쪽 그림에서 색칠한 부분은 전체를 똑같이 9

로 나눈 것 중의 3이므로 $\frac{3}{9}$입니다.

두 그림에서 색칠한 부분의 크기가 같으므로

$\frac{1}{3} = \frac{3}{9}$입니다.

(2) 왼쪽 그림에서 색칠한 부분은 전체를 똑같이 12

로 나눈 것 중의 8이므로 $\frac{8}{12}$입니다.

오른쪽 그림에서 색칠한 부분은 전체를 똑같이 3

으로 나눈 것 중의 2이므로 $\frac{2}{3}$입니다.

두 그림에서 색칠한 부분의 크기가 같으므로

$\frac{8}{12} = \frac{2}{3}$입니다.

2 수직선에 $\frac{6}{8}$ 지점을 표시하면 다음과 같습니다.

수직선에 나타낸 분수 $\frac{6}{8}$은 1을 똑같이 8로 나눈 것

중의 6입니다.

수직선에 $\frac{3}{4}$ 지점을 표시하면 다음과 같습니다.

수직선에 나타낸 분수 $\frac{3}{4}$은 1을 똑같이 4로 나눈 것

중의 3입니다.

수직선에서 두 분수 $\frac{6}{8}$, $\frac{3}{4}$이 나타내는 지점의 위치

가 같으므로 $\frac{6}{8} = \frac{3}{4}$입니다.

3 (1) 분수 $\frac{2}{3}$를 나타내면 다음 그림에서 색칠한 부분

입니다.

분수 $\frac{4}{6}$를 나타내면 다음 그림에서 색칠한 부분

입니다.

두 그림에서 색칠한 부분의 크기가 같으므로
$\frac{2}{3}=\frac{4}{6}$입니다. (○)

(2) 분수 $\frac{3}{6}$을 나타내면 다음 그림에서 색칠한 부분입니다.

분수 $\frac{1}{3}$을 나타내면 다음 그림에서 색칠한 부분입니다.

두 그림에서 색칠한 부분의 크기가 같지 않습니다. (×)

4 분모와 분자에 각각 0이 아닌 같은 수를 곱하면 같은 크기의 분수가 됩니다.

(1) $\frac{2}{3}$의 분모와 분자에 2를 곱하면 같은 크기의 분수가 됩니다.

$$\frac{1}{3}=\frac{1\times 2}{3\times 2}=\frac{2}{6}$$

(2) □×4=8에서 □=2입니다.

$\frac{2}{3}$의 분모와 분자에 4를 곱하면 같은 크기의 분수가 됩니다.

$$\frac{2}{3}=\frac{2\times 4}{3\times 4}=\frac{8}{12}$$

(3) 3×□=12에서 □=4입니다.

$\frac{3}{5}$의 분모와 분자에 4를 곱하면 같은 크기의 분수가 됩니다.

$$\frac{3}{5}=\frac{3\times 4}{5\times 4}=\frac{12}{20}$$

(4) □×3=21에서 □=7입니다.

$\frac{5}{7}$의 분모와 분자에 3을 곱하면 같은 크기의 분수가 됩니다.

$$\frac{5}{7}=\frac{5\times 3}{7\times 3}=\frac{15}{21}$$

5 분모와 분자를 각각 0이 아닌 같은 수로 나누면 같은 크기의 분수가 됩니다.

(1) $\frac{4}{10}$의 분모와 분자를 2로 나누면 같은 크기의 분수가 됩니다.

$$\frac{4}{10}=\frac{4\div 2}{10\div 2}=\frac{2}{5}$$

(2) □÷2=4에서 □=8입니다.

$\frac{8}{16}$의 분모와 분자를 2로 나누면 같은 크기의 분수가 됩니다.

$$\frac{8}{16}=\frac{8\div 2}{16\div 2}=\frac{4}{8}$$

(3) 12÷□=2에서 □=6입니다.

$\frac{12}{18}$의 분모와 분자를 6으로 나누면 같은 크기의 분수가 됩니다.

$$\frac{12}{18}=\frac{12\div 6}{18\div 6}=\frac{2}{3}$$

(4) □÷11=3에서 □=33입니다.

$\frac{11}{33}$의 분모와 분자를 11로 나누면 같은 크기의 분수가 됩니다.

$$\frac{11}{33}=\frac{11\div 11}{33\div 11}=\frac{1}{3}$$

6 (1) 분모와 분자에 각각 0이 아닌 같은 수를 곱하면 같은 크기의 분수가 됩니다.

$\frac{3}{4}$의 분모와 분자에 2를 곱하면 같은 크기의 분수가 됩니다.

$$\frac{3}{4}=\frac{3\times 2}{4\times 2}=\frac{6}{8}$$

$\frac{3}{4}$의 분모와 분자에 3을 곱하면 같은 크기의 분수가 됩니다.

$$\frac{3}{4}=\frac{3\times 3}{4\times 3}=\frac{9}{12}$$

$\frac{3}{4}$의 분모와 분자에 4를 곱하면 같은 크기의 분수가 됩니다.

$$\frac{3}{4}=\frac{3\times 4}{4\times 4}=\frac{12}{16}$$

$\frac{3}{4}$의 분모와 분자에 5를 곱하면 같은 크기의 분수가 됩니다.

$$\frac{3}{4}=\frac{3\times 5}{4\times 5}=\frac{15}{20}$$

(2) 분모와 분자를 각각 0이 아닌 같은 수로 나누면 같은 크기의 분수가 됩니다.

$\frac{32}{48}$의 분모와 분자를 2로 나누면 같은 크기의 분수가 됩니다.

$$\frac{32}{48}=\frac{32\div 2}{48\div 2}=\frac{16}{24}$$

$\dfrac{32}{48}$의 분모와 분자를 4로 나누면 같은 크기의 분수가 됩니다.

$$\dfrac{32}{48}=\dfrac{32\div4}{48\div4}=\dfrac{8}{12}$$

$\dfrac{32}{48}$의 분모와 분자를 8로 나누면 같은 크기의 분수가 됩니다.

$$\dfrac{32}{48}=\dfrac{32\div8}{48\div8}=\dfrac{4}{6}$$

$\dfrac{32}{48}$의 분모와 분자를 16으로 나누면 같은 크기의 분수가 됩니다.

$$\dfrac{32}{48}=\dfrac{32\div16}{48\div16}=\dfrac{2}{3}$$

7 $\dfrac{1}{5}=\dfrac{1\times2}{5\times2}=\dfrac{2}{10}$

$\dfrac{11}{22}=\dfrac{11\div11}{22\div11}=\dfrac{1}{2}$

$\dfrac{9}{27}=\dfrac{9\div3}{27\div3}=\dfrac{3}{9}$

$\dfrac{4}{7}=\dfrac{4\times2}{7\times2}=\dfrac{8}{14}$

따라서 크기가 같은 분수끼리 선을 그어 연결하면 다음과 같습니다.

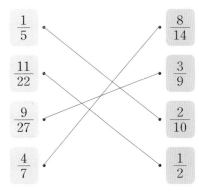

8 전체를 똑같이 3으로 나눈 것 중의 1은 $\dfrac{1}{3}$입니다.

$\dfrac{1}{3}$의 분모와 분자에 3을 곱하면 같은 크기의 분수가 됩니다.

$$\dfrac{1}{3}=\dfrac{1\times3}{3\times3}=\dfrac{3}{9}$$

즉, $\dfrac{3}{9}$은 전체를 똑같이 9로 나눈 것 중의 **3**입니다.

9 지혜 : 전체를 똑같이 2로 나눈 것 중의 1을 먹었으므로 피자 한 판의 $\dfrac{1}{2}$만큼 먹었습니다.

$\dfrac{1}{2}$의 분모와 분자에 4를 곱하면 같은 크기의 분수가 됩니다.

$$\dfrac{1}{2}=\dfrac{1\times4}{2\times4}=\dfrac{4}{8}$$

따라서 지혜는 피자 한 판의 $\dfrac{4}{8}$만큼 먹었습니다.

하랑 : 전체를 똑같이 8로 나눈 것 중의 5를 먹었으므로 피자 한 판의 $\dfrac{5}{8}$만큼 먹었습니다.

태식 : 전체를 똑같이 4로 나눈 것 중의 2를 먹었으므로 피자 한 판의 $\dfrac{2}{4}$만큼 먹었습니다.

$\dfrac{2}{4}$의 분모와 분자에 2를 곱하면 같은 크기의 분수가 됩니다.

$$\dfrac{2}{4}=\dfrac{2\times2}{4\times2}=\dfrac{4}{8}$$

따라서 태식이는 피자 한 판의 $\dfrac{4}{8}$만큼 먹었습니다.

이때 $\dfrac{4}{8}<\dfrac{5}{8}$이므로 세 사람 중에서 다른 두 사람보다 더 많이 먹은 사람은 **하랑**이입니다.

10 분모와 분자에 각각 0이 아닌 같은 수를 곱하면 같은 크기의 분수가 됩니다.

$\dfrac{4}{6}$의 분모와 분자에 2를 곱하면 같은 크기의 분수가 됩니다.

$$\dfrac{4}{6}=\dfrac{4\times2}{6\times2}=\dfrac{8}{12}$$

11 • $\dfrac{3}{4}$과 크기가 같습니다.

분모와 분자에 각각 0이 아닌 같은 수를 곱하면 같은 크기의 분수가 됩니다.

$\dfrac{3}{4}$과 크기가 같은 분수는 다음과 같습니다.

$$\dfrac{3}{4}=\dfrac{3\times2}{4\times2}=\dfrac{6}{8}$$
$$=\dfrac{3\times3}{4\times3}=\dfrac{9}{12}$$
$$=\dfrac{3\times4}{4\times4}=\dfrac{12}{16}$$

• 분모와 분자의 합이 21입니다.

이때 분모와 분자의 합이 21인 분수는 $\dfrac{9}{12}$입니다.

12 분모와 분자를 각각 0이 아닌 같은 수로 나누면 같은 크기의 분수가 됩니다.

$\frac{6}{8}$의 분모와 분자를 2로 나누면 같은 크기의 분수가 됩니다.

$$\frac{6}{8} = \frac{6 \div 2}{8 \div 2} = \frac{3}{4}$$

따라서 $\frac{\square}{4} < \frac{6}{8}$ 은 $\frac{\square}{4} < \frac{3}{4}$ 입니다.

$\square < 3$ 이므로 $\square = 1, 2$ 입니다.

단원 총정리

단원평가문제   본문 p. 55

본문 p. 55

1

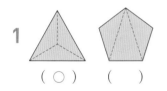

(○)   (   )

2 색칠한 부분은 전체를 똑같이 6으로 나눈 것 중의 3이므로 $\frac{3}{6}$입니다.

3 원을 똑같이 5개의 부분으로 나눈 사람은 서정이입니다.

4 분수 $\frac{4}{6}$ 는 전체를 똑같이 6으로 나눈 것 중의 4이므로 그림과 같이 색칠하면 됩니다.

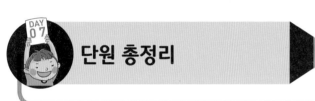

5 색칠한 부분은 전체를 똑같이 12로 나눈 것 중의 6이므로 분수로 나타내면 $\frac{6}{12}$입니다.

색칠하지 않은 부분은 전체를 똑같이 12로 나눈 것 중의 6이므로 분수로 나타내면 $\frac{6}{12}$입니다.

6 색칠한 부분의 크기를 비교하면 오른쪽 그림의 색칠한 부분이 왼쪽 그림의 색칠한 부분보다 크므로 $\frac{5}{8} < \frac{7}{8}$입니다.

7 다음 그림은 분수 $\frac{3}{6}$, $\frac{4}{6}$만큼 색칠한 것입니다.

이때 색칠한 부분의 크기를 비교하면 오른쪽 그림의 색칠한 부분이 왼쪽 그림의 색칠한 부분보다 크므로 $\frac{3}{6} < \frac{4}{6}$입니다.

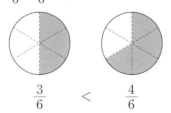

$\frac{3}{6}$ < $\frac{4}{6}$

8 왼쪽 화살표가 나타내는 분수는 1을 똑같이 9로 나눈 것 중의 4이므로 $\frac{4}{9}$입니다.

오른쪽 화살표가 나타내는 분수는 1을 똑같이 9로 나눈 것 중의 7이므로 $\frac{7}{9}$입니다.

이때 수직선에서는 오른쪽의 수가 더 크므로 $\frac{4}{9} < \frac{7}{9}$ 입니다.

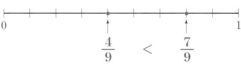

$\frac{4}{9}$ < $\frac{7}{9}$

9 분모가 같으면 분자가 클수록 큰 수입니다.

분모가 모두 14로 같고 $2 < 6 < 9 < 12 < 13$이므로 분

수 중 가장 큰 분수는 $\frac{13}{14}$이고 가장 작은 분수는 $\frac{2}{14}$입니다.

10 분자가 1인 분수가 단위분수이므로 분수 중에서 단위분수는 $\frac{1}{3}$, $\frac{1}{4}$, $\frac{1}{7}$입니다.

단위분수에서처럼 분자가 같은 분수는 분모가 작을수록 더 커집니다.

$3<4<7$이므로 단위분수 $\frac{1}{3}$, $\frac{1}{4}$, $\frac{1}{7}$ 중에서 가장 큰 수는 $\frac{1}{3}$입니다.

11 $\frac{10}{14}$은 $\frac{1}{14}$이 10개입니다.

12 • 분자는 1입니다.

분자가 1이므로 구하는 분수는 단위분수입니다.

• $\frac{1}{15}$보다 큰 수입니다.

단위분수에서처럼 분자가 같은 분수는 분모가 작을수록 더 커집니다.

$\frac{1}{15}$보다 큰 수이므로 구하는 분수의 분모는 15보다 작아야 합니다.

• 분모는 2보다 큽니다.

분모가 2보다 크므로 구하는 분수의 분모는 3, 4, 5, 6, …, 14입니다.

따라서 구하는 분수는 $\frac{1}{3}$, $\frac{1}{4}$, $\frac{1}{5}$, $\frac{1}{6}$, …, $\frac{1}{14}$이므로 모두 **12개**입니다.

13 남아있는 케익은 $7-(2+3)=2$조각입니다.

남아있는 케익은 전체를 똑같이 7조각으로 나눈 것 중 2조각이므로 전체의 $\frac{2}{7}$입니다.

14 분모와 분자에 각각 0이 아닌 같은 수를 곱하면 같은 크기의 분수가 됩니다.

$\frac{3}{4}$의 분모와 분자에 3을 곱하면 같은 크기의 분수가 됩니다.

$\frac{3}{4}=\frac{3\times3}{4\times3}=\frac{9}{12}$

분모와 분자에 각각 0이 아닌 같은 수로 나누면 같은 크기의 분수가 됩니다.

$\frac{10}{15}$의 분모와 분자를 5로 나누면 같은 크기의 분수가 됩니다.

$\frac{10}{15}=\frac{10\div5}{15\div5}=\frac{2}{3}$

따라서 ㉠과 ㉡에 알맞은 수의 합은 $9+2=11$입니다.

15 분자가 1인 단위분수는 분모가 클수록 더 작아집니다.

두 분수는 분자가 1인 단위분수이므로 $\frac{1}{\square}<\frac{1}{6}$에서 $\square>6$입니다.

이때 2부터 9까지의 자연수 중에서 $\square$ 안에 들어갈 수 있는 수는 $\square=7$, 8, 9로 **3개**입니다.

16 건이가 전체의 $\frac{4}{6}$를 마셨으므로 창규는 전체의 $\frac{2}{6}$를 마셨습니다.

분모가 같으면 분자가 클수록 큰 수입니다.

따라서 $4>2$이므로 $\frac{4}{6}>\frac{2}{6}$이고 우유를 더 많이 마신 사람은 **건이**입니다.

17 • $\frac{2}{3}$와 크기가 같습니다.

분모와 분자에 각각 0이 아닌 같은 수를 곱하면 같은 크기의 분수가 됩니다.

$\frac{2}{3}$와 크기가 같은 분수는 다음과 같습니다.

$\frac{2}{3}=\frac{2\times2}{3\times2}=\frac{4}{6}$

$=\frac{2\times3}{3\times3}=\frac{6}{9}$

$=\frac{2\times4}{3\times4}=\frac{8}{12}$

$=\frac{2\times5}{3\times5}=\frac{10}{15}$

$=\cdots$

• 분모는 4부터 9까지의 수입니다.

$\frac{2}{3}$와 크기가 같은 $\frac{4}{6}$, $\frac{6}{9}$, $\frac{8}{12}$, $\frac{10}{15}$, … 중에서 분모가 4부터 9까지의 수이므로 조건에 알맞은 분수는 $\frac{4}{6}$, $\frac{6}{9}$으로 **2개**입니다.

18 분모가 1인 분수 : 1개

분모가 2인 분수 : 2개

분모가 3인 분수 : 3개

$$\vdots$$

분모가 10인 분수 : 10개

따라서 $\dfrac{10}{10}$은 $1+2+3+\cdots+10=55$번째의 수입니다.

DAY 08 부분과 전체의 양을 비교하여 나타내기

바로! 확인문제   본문 p. 63

1 삼각형 12개를 똑같이 2묶음으로 나누면 1묶음에 있는 삼각형은 모두 6개입니다.

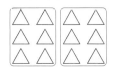

삼각형 12개를 똑같이 3묶음으로 나누면 1묶음에 있는 삼각형은 모두 4개입니다.

삼각형 12개를 똑같이 4묶음으로 나누면 1묶음에 있는 삼각형은 모두 3개입니다.

2 전체를 똑같이 3묶음으로 나눈 것 중에 색칠한 부분은 1묶음입니다.

전체를 똑같이 3묶음으로 나눈 것 중에 색칠한 부분은 2묶음입니다.

전체를 똑같이 4묶음으로 나눈 것 중에 색칠한 부분은 3묶음입니다.

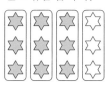

3 분수 $\dfrac{1}{2}$은 전체를 똑같이 2묶음으로 나눈 다음 1묶음에 색칠하면 됩니다.

분수 $\dfrac{1}{3}$은 전체를 똑같이 3묶음으로 나눈 다음 1묶음에 색칠하면 됩니다.

분수 $\dfrac{2}{4}$는 전체를 똑같이 4묶음으로 나눈 다음 2묶음에 색칠하면 됩니다.

4 색칠한 부분은 전체를 똑같이 2묶음으로 나눈 것 중 1묶음이므로 전체의 $\dfrac{1}{2}$입니다

색칠한 부분은 전체를 똑같이 4묶음으로 나눈 것 중 1묶음이므로 전체의 $\dfrac{1}{4}$입니다

색칠한 부분은 전체를 똑같이 5묶음으로 나눈 것 중 4묶음이므로 전체의 $\frac{4}{5}$입니다

본문 p. 64

 **기본문제** 배운 개념 적용하기

1 (1) 3묶음으로 나눈다.

(2) 4명에게 나누어 준다

2 (1)

(2) 위 그림에서 알 수 있듯이 1묶음에 있는 딸기는 모두 2개입니다.

(3) 부분 🍓🍓 🍓🍓 은

전체 🍓🍓🍓🍓🍓🍓 를

똑같이 3묶음으로 나눈 것 중의 2묶음입니다.

3 (1) 🍎🍎🍎🍎 / 🍎🍎🍎🍎 / 🍎🍎🍎🍎

(2) 위 그림에서 알 수 있듯이 사과 12개를 4개씩 묶으면 모두 3묶음이 됩니다.

(3) 사과 4개는 3묶음 중의 1묶음이므로 전체의 $\frac{1}{3}$입니다.

4 (1) 색칠한 부분은 전체를 똑같이 5묶음으로 나눈 것 중의 2묶음이므로 전체의 $\frac{2}{5}$입니다.

(2) 색칠한 부분은 전체를 똑같이 2묶음으로 나눈 것 중의 1묶음이므로 전체의 $\frac{1}{2}$입니다.

(3) 색칠한 부분은 전체를 똑같이 4묶음으로 나눈 것 중의 3묶음이므로 전체의 $\frac{3}{4}$입니다.

5 (1) 빨간 사과는 전체를 똑같이 4묶음으로 나눈 것 중의 1묶음이므로 전체의 $\frac{1}{4}$입니다.

파란 사과는 전체를 똑같이 4묶음으로 나눈 것 중의 3묶음이므로 전체의 $\frac{3}{4}$입니다.

(2) 파란색 삼각형은 전체를 똑같이 5묶음으로 나눈 것 중 2묶음이므로 전체의 $\frac{2}{5}$입니다.

보라색 삼각형은 전체를 똑같이 5묶음으로 나눈 것 중 3묶음이므로 전체의 $\frac{3}{5}$입니다.

6 (1) 그림에서 알 수 있듯이 1묶음에 있는 지우개는 모두 5개입니다.

(2) 15를 5씩 묶으면 3묶음이 되고 1묶음은 5입니다. 5는 15를 똑같이 3묶음으로 나눈 것 중 1묶음이므로 15의 $\frac{1}{3}$입니다.

(3) 15를 5씩 묶으면 3묶음이 되고 1묶음은 5입니다. 10은 15를 똑같이 3묶음으로 나눈 것 중 2묶음이므로 15의 $\frac{2}{3}$입니다.

본문 p. 66

 **발전문제** 배운 개념 응용하기

1 (1) 3묶음으로 나눈다.

(2) 2명에게 나누어 준다.

2 (1) 6을 3등분합니다.

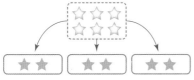

하나의 묶음에는 2개의 도형이 있습니다.

(2) 10을 2등분합니다.

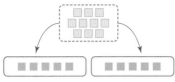

하나의 묶음에는 5개의 도형이 있습니다.

3 (1) 그림에서 알 수 있듯이 한 묶음에 있는 사과는 모두 4개입니다.

(2) 부분  은 전체

를 똑같이 3으로 나눈 것 중의 1이므로

전체의 $\frac{1}{3}$입니다.

4 (1) 전체는 4묶음입니다.

(2) 색칠한 묶음은 1개입니다.

(3) 색칠한 부분은 전체를 똑같이 4묶음으로 나눈 것 중 1묶음이므로 전체의 $\frac{1}{4}$입니다.

5 (1) 전체 묶음의 개수 : 4

색칠한 묶음의 개수 : 1

➡ 색칠한 부분은 전체의 $\frac{1}{4}$이다.

(2) 전체 묶음의 개수 : 4

색칠한 묶음의 개수 : 2

➡ 색칠한 부분은 전체의 $\frac{2}{4}$이다.

(3) 전체 묶음의 개수 : 4

색칠한 묶음의 개수 : 3

➡ 색칠한 부분은 전체의 $\frac{3}{4}$이다.

6 (1) 20을 10씩 묶으면 2묶음이 되고 1묶음은 10입니다.

10은 20을 똑같이 2묶음으로 나눈 것 중의 1묶음이므로 20의 $\frac{1}{2}$입니다.

(2) 20을 4씩 묶으면 5묶음이 되고 1묶음은 4입니다.

4는 20을 똑같이 5묶음으로 나눈 것 중의 1묶음이므로 20의 $\frac{1}{5}$입니다.

7 (1) 12를 4씩 묶으면 3묶음이 되고 1묶음은 4입니다.

4는 12를 똑같이 3묶음으로 나눈 것 중의 1묶음이므로 12의 $\frac{1}{3}$입니다.

(2) 12를 3씩 묶으면 4묶음이 되고 1묶음은 3입니다.

9는 12를 똑같이 4묶음으로 나눈 것 중의 3묶음이므로 12의 $\frac{3}{4}$입니다.

8 (1) 12의 $\frac{4}{6}$

12를 똑같이 6묶음으로 나누면 1묶음은 2입니다.

12의 $\frac{4}{6}$는 12를 똑같이 6묶음으로 나눈 것 중의 4묶음이므로 $4 \times 2 = 8$입니다.

(2) 15의 $\frac{3}{5}$

15를 똑같이 5묶음으로 나누면 1묶음은 3입니다.

15의 $\frac{3}{5}$은 15를 똑같이 5묶음으로 나눈 것 중의 3묶음이므로 $3 \times 3 = 9$입니다.

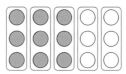

9 ・5는 12의 $\frac{\bigcirc}{12}$입니다.

12를 똑같이 12묶음으로 나누면 1묶음은 1입니다.

5는 5묶음이므로 5는 12의 $\frac{5}{12}$입니다.

따라서 ㉠=5입니다.

• 20을 5씩 묶으면 15는 20의 $\frac{ⓛ}{4}$입니다.

20을 5씩 묶으면 4묶음이 되고 1묶음은 5입니다.

15는 3묶음이므로 15는 20의 $\frac{3}{4}$입니다.

따라서 ⓛ=3입니다.

결국 ㉠과 ⓛ에 알맞은 수의 합은 5+3=8입니다.

10 하루는 24시간입니다.

24시간을 똑같이 3묶음으로 나누면 1묶음은 8시간입니다.

24시간의 $\frac{1}{3}$은 24시간을 똑같이 3묶음으로 나눈 것 중의 1묶음이므로 8시간입니다.

11 접시 3개에 나누어 담은 후에 세 사람이 1접시씩 먹었으므로 상현이는 과자 27개의 $\frac{1}{3}$을 먹었습니다.

과자 27개를 똑같이 3묶음으로 나누면 1묶음에는 과자 9개가 있습니다.

27개의 $\frac{1}{3}$은 27개를 똑같이 3묶음으로 나눈 것 중의 1묶음이므로 과자 9개입니다.

따라서 상현이는 과자 **9**개를 먹었습니다.

분수만큼은 전체의 얼마인지 알아보기 (1)

바로! 확인문제　　　　　　본문 p. 71

1 오각형 10개를 5묶음으로 나누면 1묶음에는 오각형 2개가 있습니다.

1묶음에 오각형 2개가 있으므로 2묶음에는 오각형 4개, 3묶음에는 6개, 4묶음에는 8개, 5묶음에는 10개가 있습니다.

묶음	1묶음	2묶음	3묶음	4묶음	5묶음
오각형의 개수	2개	4개	6개	8개	10개

2 15의 $\frac{1}{5}$은 15를 똑같이 5묶음으로 나눈 것 중의 1묶음이므로 3입니다.

$\frac{2}{5}$는 $\frac{1}{5}$이 2개이므로 15의 $\frac{2}{5}$는 2묶음이므로 6(=2×3)입니다.

$\frac{3}{5}$은 $\frac{1}{5}$이 3개이므로 15의 $\frac{3}{5}$은 3묶음이므로 9(=3×3)입니다.

같은 방법으로 빈 칸에 알맞은 수를 써넣으면 다음과 같습니다.

15의 $\frac{1}{5}$	15의 $\frac{2}{5}$	15의 $\frac{3}{5}$	15의 $\frac{4}{5}$	15의 $\frac{5}{5}$
3	6	9	12	15

3 ■의 $\frac{1}{●}$은 ■$×\frac{1}{●}$입니다.

■$×\frac{1}{●}$=■$÷●$와 같이 곱셈식을 나눗셈식으로 바꾸어 쓸 수 있습니다.

(1) 6의 $\frac{1}{2}$ ➡ $6×\frac{1}{2}=6÷2=3$

(2) 8의 $\frac{1}{4}$ ➡ $8×\frac{1}{4}=8÷4=2$

4 (1) $\frac{3}{4}$은 $\frac{1}{4}$이 3개입니다.

(2) $\frac{4}{5}$는 $\frac{1}{5}$이 4개입니다.

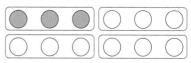

기본문제 배운 개념 적용하기　　　　　　본문 p. 72

1 (1) 12를 똑같이 4묶음으로 나누면 1묶음은 3입니다.

(2) 12의 $\dfrac{1}{4}$은 12를 똑같이 4묶음으로 나눈 것 중의
1묶음이므로 $3(=1\times 3)$입니다.

(3) 12의 $\dfrac{2}{4}$는 12를 똑같이 4묶음으로 나눈 것 중의
2묶음이므로 $6(=2\times 3)$입니다.

(4) 12의 $\dfrac{3}{4}$은 12를 똑같이 4묶음으로 나눈 것 중의
3묶음이므로 $9(=3\times 3)$입니다.

2 (1) 8을 똑같이 4묶음으로 나누면 1묶음은 2입니다.
8의 $\dfrac{1}{4}$은 8을 똑같이 4묶음으로 나눈 것 중의 1
묶음이므로 $2(=1\times 2)$입니다.

(2) 15를 똑같이 5묶음으로 나누면 1묶음은 3입니다.
15의 $\dfrac{3}{5}$은 15를 똑같이 5묶음으로 나눈 것 중의
3묶음이므로 $9(=3\times 3)$입니다.

3 15를 똑같이 3묶음으로 나누면 1묶음은 5입니다.

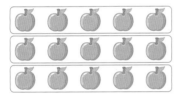

(1) 15의 $\dfrac{1}{3}$은 15를 똑같이 3묶음으로 나눈 것 중의
1묶음이므로 $5(=1\times 5)$입니다.

(2) 15의 $\dfrac{2}{3}$는 15를 똑같이 3묶음으로 나눈 것 중의
2묶음이므로 $10(=2\times 5)$입니다.

(3) 15의 $\dfrac{3}{3}$은 15를 똑같이 3묶음으로 나눈 것 중의
3묶음이므로 $15(=3\times 5)$입니다.

4 (1) 10을 똑같이 5묶음으로 나누면 1묶음은 2입니다.
이때 4묶음이 8이므로 8은 10의 $\dfrac{4}{5}$입니다.

(2) 18을 똑같이 6묶음으로 나누면 1묶음은 3입니다.
이때 4묶음이 12이므로 12는 18의 $\dfrac{4}{6}$입니다.

5 ㉠ 16의 $\dfrac{7}{8}$
16을 똑같이 8묶음으로 나누면 1묶음은 2입니다.

16의 $\dfrac{7}{8}$은 16을 똑같이 8묶음으로 나눈 것 중의
7묶음이므로 $14(=7\times 2)$입니다.

㉡ 21의 $\dfrac{2}{3}$
21을 똑같이 3묶음으로 나누면 1묶음은 7입니다.

21의 $\dfrac{2}{3}$는 21을 똑같이 3묶음으로 나눈 것 중의
2묶음이므로 $14(=2\times 7)$입니다.

㉢ 32의 $\dfrac{3}{4}$
32를 똑같이 4묶음으로 나누면 1묶음은 8입니다.

32의 $\dfrac{3}{4}$은 32를 똑같이 4묶음으로 나눈 것 중의
3묶음이므로 $24(=3\times 8)$입니다.
따라서 수 중에서 다른 하나는 ㉢입니다.

6 (1) 10의 $\dfrac{1}{5}$은 2입니다. ➡ $10\div 5=2$

(2) 12의 $\dfrac{1}{4}$은 3입니다. ➡ $12\div 4=3$

본문 p. 74

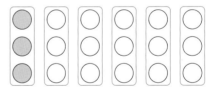
발전문제 배운 개념 응용하기

1 (1) 18을 똑같이 6묶음으로 나누면 1묶음은 3입니다.

(2) 18의 $\dfrac{1}{6}$은 18을 똑같이 6묶음으로 나눈 것 중의
1묶음이므로 $3(=1\times 3)$입니다.

(3) 18의 $\dfrac{2}{6}$는 18을 똑같이 6묶음으로 나눈 것 중의
2묶음이므로 $6(=2\times 3)$입니다.

(4) 18의 $\dfrac{3}{6}$은 18을 똑같이 6묶음으로 나눈 것 중의
3묶음이므로 $9(=3\times 3)$입니다.

2 (1) 12를 똑같이 6묶음으로 나누면 1묶음은 2입니다.
12의 $\dfrac{1}{6}$은 12를 똑같이 6묶음으로 나눈 것 중의
1묶음이므로 $2(=1\times 2)$입니다.

(2) 15를 똑같이 3묶음으로 나누면 1묶음은 5입니다.

15의 $\frac{1}{3}$은 15를 똑같이 3묶음으로 나눈 것 중의 1묶음이므로 $5(=1\times5)$입니다.

3 (1) 15의 $\frac{1}{5}$은 15를 5묶음으로 나눈 것 중의 1묶음이므로 3입니다.

➡ 15의 $\frac{1}{5}$은 $15\div5=3$입니다.

(2) 30의 $\frac{1}{10}$은 30을 10묶음으로 나눈 것 중의 1묶음이므로 3입니다.

➡ 30의 $\frac{1}{10}$은 $30\div10=3$입니다.

4 (1) 12를 똑같이 6묶음으로 나누면 1묶음은 2입니다.

12의 $\frac{4}{6}$는 12를 똑같이 6묶음으로 나눈 것 중의 4묶음이므로 $8(=4\times2)$입니다.

(2) 14를 똑같이 7묶음으로 나누면 1묶음은 2입니다.

14의 $\frac{3}{7}$은 14를 똑같이 7묶음으로 나눈 것 중의 3묶음이므로 $6(=3\times2)$입니다.

5 (1) 8을 똑같이 4묶음으로 나누면 1묶음은 2입니다. 이때 3묶음이 6이므로 6은 8의 $\frac{3}{4}$입니다.

(2) 12를 똑같이 6묶음으로 나누면 1묶음은 2입니다. 이때 5묶음이 10이므로 10은 12의 $\frac{5}{6}$입니다.

6 (1) 12를 똑같이 6묶음으로 나누면 1묶음은 2입니다.

12의 $\frac{1}{6}$은 12를 똑같이 6묶음으로 나눈 것 중의 1묶음이므로 $2(=1\times2)$입니다.

➡ $\frac{5}{6}$는 $\frac{1}{6}$이 5개입니다.

➡ 12의 $\frac{5}{6}$는 $10(=5\times2)$입니다.

(2) 16을 똑같이 4묶음으로 나누면 1묶음은 4입니다.

16의 $\frac{1}{4}$은 16을 똑같이 4묶음으로 나눈 것 중의 1묶음이므로 $4(=1\times4)$입니다.

➡ $\frac{3}{4}$은 $\frac{1}{4}$이 3개입니다.

➡ 16의 $\frac{3}{4}$은 **12**$(=3\times4)$입니다.

7 (1) 12를 똑같이 3묶음으로 나누면 1묶음은 4입니다.

12의 $\frac{2}{3}$는 12를 똑같이 3묶음으로 나눈 것 중의 2묶음이므로 $8(=2\times4)$입니다.

(2) 18을 똑같이 3묶음으로 나누면 1묶음은 6입니다.

18의 $\frac{2}{3}$는 18을 똑같이 3묶음으로 나눈 것 중의 2묶음이므로 $12(=2\times6)$입니다.

(3) 20을 똑같이 5묶음으로 나누면 1묶음은 4입니다.

20의 $\frac{4}{5}$는 20을 똑같이 5묶음으로 나눈 것 중의 4묶음이므로 $16(=4\times4)$입니다.

(4) 30을 똑같이 5묶음으로 나누면 1묶음은 6입니다.

30의 $\frac{4}{5}$는 30을 똑같이 5묶음으로 나눈 것 중의 4묶음이므로 $24(=4\times6)$입니다.

8 $\frac{4}{5}$는 $\frac{1}{5}$이 4개이므로 ★의 $\frac{4}{5}$는 $12(=4\times3)$입니다.

9 (1) 9의 $\frac{2}{3}$는 ○입니다.

➡ 9의 $\frac{1}{3}$은 $9\div3=3$입니다.

➡ $\frac{2}{3}$는 $\frac{1}{3}$이 2개입니다.

➡ 9의 $\frac{2}{3}$는 $9\div3\times2=6$입니다.

(2) 30의 $\frac{7}{10}$은 ○입니다.

➡ 30의 $\frac{1}{10}$은 $30\div10=3$입니다.

➡ $\frac{7}{10}$은 $\frac{1}{10}$이 7개입니다.

➡ 30의 $\frac{7}{10}$은 $30\div10\times7=21$입니다.

10 (1) 14를 똑같이 7묶음으로 나누면 1묶음은 2입니다.

14의 $\frac{3}{7}$은 14를 똑같이 7묶음으로 나눈 것 중의 3묶음이므로 $6(=3\times2)$입니다.

(2) 14의 $\frac{1}{7}$은 14÷7＝2입니다.

➡ $\frac{3}{7}$은 $\frac{1}{7}$이 3개입니다.

➡ 14의 $\frac{3}{7}$은 14÷7×3＝2×3＝6입니다.

11 상현이가 먹은 소세지의 개수는 20의 $\frac{2}{5}$입니다.

20의 $\frac{1}{5}$은 20÷5＝4입니다.

$\frac{2}{5}$는 $\frac{1}{5}$이 2개입니다.

따라서 20개의 $\frac{2}{5}$는 8(＝2×4)개입니다.

| 다른 풀이 |

20의 $\frac{2}{5}$는 20÷5×2＝4×2＝8입니다.

12 하랑이가 먹은 딸기의 개수는 45의 $\frac{1}{5}$입니다.

45의 $\frac{1}{5}$은 45÷5＝9이므로 하랑이가 먹은 딸기의 개수는 9입니다.

하랑이가 먹고 남은 딸기의 개수는
45－9＝36(개)입니다.

이때 태식이는 하랑이가 먹고 남은 딸기의 $\frac{2}{3}$를 먹었으므로 태식이가 먹은 딸기의 개수는
36의 $\frac{2}{3}$입니다.

36의 $\frac{1}{3}$은 36÷3＝12입니다.

$\frac{2}{3}$는 $\frac{1}{3}$이 2개입니다.

따라서 36개의 $\frac{2}{3}$는 24(＝2×12)개입니다.

| 다른 풀이 |

45의 $\frac{1}{5}$은 45÷5＝9입니다.

하랑이가 먹고 남은 딸기의 개수는 45－9＝36입니다.

36의 $\frac{2}{3}$는 36÷3×2＝12×2＝24입니다.

DAY 10 분수만큼은 전체의 얼마인지 알아보기(2)

◆ **바로! 확인문제**　　　　　본문 p. 79

1 8cm를 똑같이 4부분으로 나누면 1부분은
2(＝1×2)cm입니다.
8cm를 똑같이 4부분으로 나누면 2부분은
4(＝2×2)cm입니다.
8cm를 똑같이 4부분으로 나누면 3부분은
6(＝3×2)cm입니다.
8cm를 똑같이 4부분으로 나누면 4부분은
8(＝4×2)cm입니다.

2 500원의 $\frac{1}{5}$은 500을 똑같이 5로 나눈 것 중의 1이므로 100(＝1×100)원입니다.
500원의 $\frac{2}{5}$는 500을 똑같이 5로 나눈 것 중의 2이므로 200(＝2×100)원입니다.
500원의 $\frac{3}{5}$은 500을 똑같이 5로 나눈 것 중의 3이므로 300(＝3×100)원입니다.
500원의 $\frac{4}{5}$는 500을 똑같이 5로 나눈 것 중의 4이므로 400(＝4×100)원입니다.
500원의 $\frac{5}{5}$는 500을 똑같이 5로 나눈 것 중의 5이므로 500(＝5×100)원입니다.

3 (1) 1시간은 60분입니다.
60분을 똑같이 6부분으로 나누면 1부분은 10분입니다.
(2) 1m는 100cm입니다.
100cm를 똑같이 10부분으로 나누면 1부분은 10cm입니다.

4 (1) 1시간은 60분입니다.
60분을 똑같이 6부분으로 나누면 1부분은 10분입니다.

1시간의 $\frac{5}{6}$는 60분을 똑같이 6부분으로 나눈 것

중의 5부분이므로 **50**(=5×10)분입니다.

(2) 1m는 100cm입니다.

100cm를 똑같이 10부분으로 나누면 1부분은

10cm입니다.

1m의 $\frac{7}{10}$은 100cm를 똑같이 10부분으로 나눈

것 중의 7부분이므로 **70**(=7×10)cm입니다.

기본문제 배운 개념 적용하기

1 (1) 12cm를 똑같이 3부분으로 나누면 1부분은

4cm입니다.

0 1 2 3 4 5 6 7 8 9 10 11 12(cm)

(2) 12의 $\frac{1}{3}$은 12를 똑같이 3부분으로 나눈 것 중의

1부분이므로 **4**(=1×4)입니다.

(3) 12의 $\frac{2}{3}$는 12를 똑같이 3부분으로 나눈 것 중의

2부분이므로 **8**(=2×4)입니다.

| 다른 풀이 |

(1) 12의 $\frac{1}{3}$은 12÷3=4입니다.

(2) 12의 $\frac{1}{3}$이 4이므로 12의 $\frac{2}{3}$는 8(=2×4)입니다.

2 (1) 15cm를 똑같이 3부분으로 나누면 1부분은

5cm입니다.

15cm의 $\frac{2}{3}$는 15cm를 똑같이 3부분으로 나눈

것 중의 2부분이므로 **10**(=2×5)cm입니다.

(2) 15cm를 똑같이 5부분으로 나누면 1부분은

3cm입니다.

15cm의 $\frac{3}{5}$은 15cm를 똑같이 5부분으로 나눈

것 중의 3부분이므로 **9**(=3×3)cm입니다.

| 다른 풀이 |

(1) 15의 $\frac{1}{3}$은 15÷3=5입니다.

15의 $\frac{1}{3}$이 5이므로 15의 $\frac{2}{3}$는 10(=2×5)입니다.

(2) 15의 $\frac{1}{5}$은 15÷5=3입니다.

15의 $\frac{1}{5}$이 3이므로 15의 $\frac{3}{5}$은 9(=3×3)입니다.

3 (1) 10의 $\frac{2}{5}$

10을 똑같이 5묶음으로 나누면 1묶음은 2입니다.

10의 $\frac{2}{5}$는 10을 똑같이 5묶음으로 나눈 것 중의

2묶음이므로 **4**(=2×2)입니다.

0 1 2 3 4 5 6 7 8 9 10

(2) 12의 $\frac{3}{4}$

12를 똑같이 4묶음으로 나누면 1묶음은 3입니다.

12의 $\frac{3}{4}$은 12를 똑같이 4묶음으로 나눈 것 중의

3묶음이므로 **9**(=3×3)입니다.

0 1 2 3 4 5 6 7 8 9 10 11 12

| 다른 풀이 |

(1) 10의 $\frac{2}{5}$는 (10÷5)×2=2×2=4입니다.

(2) 12의 $\frac{3}{4}$은 (12÷4)×3=3×3=9입니다.

4 (1) 1m는 100cm입니다.

100cm를 똑같이 5부분으로 나누면 1부분은

20cm입니다.

100cm의 $\frac{1}{5}$은 100cm를 똑같이 5부분으로 나

눈 것 중의 1부분이므로 **20**(=1×20)cm입니다.

(2) 100cm의 $\frac{3}{5}$은 100cm를 똑같이 5부분으로 나

눈 것 중의 3부분이므로 **60**(=3×20)cm입니다.

| 다른 풀이 |

(1) 100의 $\frac{1}{5}$은 100÷5=20입니다.

(2) 100의 $\frac{3}{5}$은 (100÷5)×3=20×3=60입니다.

5 하루는 24시간입니다.

(1) 24시간을 똑같이 4부분으로 나누면 1부분은

6시간입니다.

DAY 10 분수만큼은 전체의 얼마인지 알아보기 (2) **29**

24시간의 $\frac{1}{4}$은 24시간을 똑같이 4부분으로 나눈 것 중의 1부분이므로 $6(=1\times6)$시간입니다.

(2) 24시간을 똑같이 6부분으로 나누면 1부분은 4시간입니다.

24시간의 $\frac{5}{6}$는 24시간을 똑같이 6부분으로 나눈 것 중의 5부분이므로 $20(=5\times4)$시간입니다.

| 다른 풀이 |

(1) 24의 $\frac{1}{4}$은 $24\div4=6$입니다.

(2) 24의 $\frac{5}{6}$는 $(24\div6)\times5=4\times5=20$입니다.

6 1시간은 60분입니다.

(1) 60분을 똑같이 2부분으로 나누면 1부분은 30분입니다.

60분의 $\frac{1}{2}$은 60분을 똑같이 2부분으로 나눈 것 중의 1부분이므로 $30(=1\times30)$분입니다.

(2) 60분을 똑같이 3부분으로 나누면 1부분은 20분입니다.

60분의 $\frac{2}{3}$는 60분을 똑같이 3부분으로 나눈 것 중의 2부분으로 $40(=2\times20)$분입니다.

| 다른 풀이 |

(1) 60의 $\frac{1}{2}$은 $60\div2=30$입니다.

(2) 60의 $\frac{2}{3}$는 $(60\div3)\times2=20\times2=40$입니다.

본문 p. 82

 발전문제 배운 개념 응용하기

1 (1) 40000원을 똑같이 4묶음으로 나누면 1묶음은 10000원입니다.

40000원의 $\frac{1}{4}$은 40000원을 똑같이 4묶음으로 나눈 것 중의 1묶음이므로 $10000(=1\times10000)$원입니다.

(2) 40000원의 $\frac{3}{4}$은 40000원을 똑같이 4묶음으로 나눈 것 중의 3묶음이므로 $30000(=3\times10000)$원입니다.

| 다른 풀이 |

(1) 40000의 $\frac{1}{4}$은 $40000\div4=10000$입니다.

(2) 40000의 $\frac{3}{4}$은 $(40000\div4)\times3=10000\times3=30000$입니다.

2 (1) 10000원을 똑같이 2묶음으로 나누면 1묶음은 5000원입니다.

10000원의 $\frac{1}{2}$은 10000원을 똑같이 2묶음으로 나눈 것 중의 1묶음이므로 $5000(=1\times5000)$원입니다.

(2) 10000원을 똑같이 5묶음으로 나누면 1묶음은 2000원입니다.

10000원의 $\frac{4}{5}$는 10000원을 똑같이 5묶음으로 나눈 것 중의 4묶음이므로 $8000(=4\times2000)$원입니다.

| 다른 풀이 |

(1) 10000의 $\frac{1}{2}$은 $10000\div2=5000$입니다.

(2) 10000의 $\frac{4}{5}$는 $(10000\div5)\times4=2000\times4=8000$입니다.

3 1m는 100cm이고 $\frac{1}{5}$m는 100cm의 $\frac{1}{5}$, $\frac{4}{5}$m는 100cm의 $\frac{4}{5}$입니다.

100cm를 똑같이 5부분으로 나누면 1묶음은 20cm입니다.

(1) 100cm의 $\frac{1}{5}$은 100cm를 똑같이 5부분으로 나눈 것 중의 1부분이므로 $20(=1\times20)$cm입니다.

(2) 100cm의 $\frac{4}{5}$는 100cm를 똑같이 5부분으로 나눈 것 중의 4부분이므로 $80(=4\times20)$cm입니다.

| 다른 풀이 |

(1) 100의 $\frac{1}{5}$은 $100\div5=20$입니다.

(2) 100의 $\frac{4}{5}$는 $(100\div5)\times4=20\times4=80$입니다.

4 (1) 18의 $\frac{2}{3}$

18을 똑같이 3묶음으로 나누면 1묶음은 6입니다.

18의 $\frac{2}{3}$는 18을 똑같이 3묶음으로 나눈 것 중의 2묶음이므로 **12**$(=2\times6)$입니다.

```
┠─┼─┼─┼─┼─┼─┼─┼─┼─┼─┼─┼─┨
0              12            18
```

(2) 14의 $\frac{4}{7}$

14를 똑같이 7묶음으로 나누면 1묶음은 2입니다.

14의 $\frac{4}{7}$는 14를 똑같이 7묶음으로 나눈 것 중의 4묶음이므로 **8**$(=4\times2)$입니다.

```
┠─┼─┼─┼─┼─┼─┼─┼─┼─┼─┼─┼─┼─┼─┨
0                8                14
```

| 다른 풀이 |

(1) 18의 $\frac{2}{3}$는 $(18\div3)\times2=6\times2=12$입니다.

(2) 14의 $\frac{4}{7}$는 $(14\div7)\times4=2\times4=8$입니다.

5 1시간은 60분입니다.

(1) 60분을 똑같이 6부분으로 나누면 1부분은 10분입니다.

60분의 $\frac{4}{6}$는 60분을 똑같이 6부분으로 나눈 것 중의 4부분이므로 **40**$(=4\times10)$분입니다.

(2) 60분을 똑같이 12부분으로 나누면 1부분은 5분입니다.

60분의 $\frac{7}{12}$은 60분을 똑같이 12부분으로 나눈 것 중의 7부분으로 **35**$(=7\times5)$분입니다.

| 다른 풀이 |

(1) 60의 $\frac{4}{6}$는 $(60\div6)\times4=10\times4=40$입니다.

(2) 60의 $\frac{7}{12}$은 $(60\div12)\times7=5\times7=35$입니다.

6 24cm의 $\frac{4}{6}$는 $(24\div6)\times4=4\times4=16$(cm)입니다.

16cm의 $\frac{3}{4}$은 $(16\div4)\times3=4\times3=12$(cm)입니다.

14cm의 $\frac{5}{7}$는 $(14\div7)\times5=2\times5=10$(cm)입니다.

32cm의 $\frac{1}{2}$은 $32\div2=16$(cm)입니다.

48cm의 $\frac{3}{12}$은 $(48\div12)\times3=4\times3=12$(cm)입니다.

1m, 즉 100cm의 $\frac{1}{10}$은 $100\div10=10$(cm)입니다.

따라서 길이가 같은 것끼리 선을 그어 연결하면 다음과 같습니다.

24cm의 $\frac{4}{6}$ •　　• 16cm의 $\frac{3}{4}$

14cm의 $\frac{5}{7}$ •　　• 32cm의 $\frac{1}{2}$

48cm의 $\frac{3}{12}$ •　　• 1m의 $\frac{1}{10}$

7 지구에서의 태식이의 몸무게가 42kg이므로 달에서의 태식이의 몸무게는 42kg의 $\frac{1}{6}$입니다.

42kg의 $\frac{1}{6}$은 $42\div6=7$이므로 달에서의 태식이의 몸무게는 **7**kg입니다.

8 하루는 24시간입니다.

• 하루의 $\frac{1}{3}$인 □시간 동안 잠을 잡니다.

24시간의 $\frac{1}{3}$은 $24\div3=8$시간입니다.

따라서 하랑이는 하루의 $\frac{1}{3}$인 **8**시간 동안 잠을 잡니다.

• 하루의 $\frac{1}{□}$인 4시간 동안 □을(를) 합니다.

24시간의 $\frac{1}{□}$이 4시간이므로

$24\div□=4$에서 □=6입니다.

따라서 하랑이는 하루의 $\frac{1}{6}$인 4시간 동안 독서를 합니다.

• 하루의 $\frac{1}{□}$인 □시간 동안 운동을 합니다.

하랑이의 운동시간은 2시간입니다.

24시간의 $\frac{1}{□}$이 2시간이므로

$24\div□=2$에서 □=12입니다.

따라서 하랑이는 하루의 $\frac{1}{12}$인 **2**시간 동안 운동을 합니다.

9 36의 $\frac{4}{9}$는 $(36 \div 9) \times 4 = 4 \times 4 = 16$이므로

하랑이는 길이가 **16**cm인 종이테이프를 갖습니다.

$36 - 16 = 20$이므로 태식이는 길이가 **20**cm인 종이

테이프를 갖습니다.

이때 태식이가 가진 테이프의 길이는 36cm의 $\frac{5}{9}$입

니다.

10 (1) 45의 $\frac{4}{9}$는 $(45 \div 9) \times 4 = 5 \times 4 =$ **20**입니다.

(2) 56의 $\frac{3}{8}$은 $(56 \div 8) \times 3 = 7 \times 3 =$ **21**입니다.

11 1m는 100cm이므로 1m 20cm는 120cm입니다.

120의 $\frac{1}{3}$은 $120 \div 3 = 40$이므로 하랑이는 길이가

40cm인 리본을 가졌습니다.

120의 $\frac{1}{4}$은 $120 \div 4 = 30$이므로 태식이는 길이가

30cm인 리본을 가졌습니다.

따라서 하랑이는 태식이보다 더 많이 가진 리본의

길이는 **10**cm입니다.

진분수, 가분수, 자연수

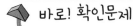

바로! 확인문제   본문 p. 87

1 분자가 분모보다 작은 분수는

$\frac{1}{5}, \frac{2}{5}, \frac{3}{5}, \frac{4}{5}$

입니다.

2 분자가 분모와 같은 분수는 $\frac{7}{7}$이고

분자가 분모보다 큰 분수는 $\frac{8}{7}, \frac{9}{7}$입니다.

3 (1)

색칠한 부분을 분수로 나타내면 $\frac{2}{2}$입니다.

이때 $\frac{2}{2}$는 분모와 분자가 같으므로 **가**분수입니다.

(2)

색칠한 부분을 분수로 나타내면 $\frac{4}{8}$입니다.

이때 $\frac{4}{8}$는 분모가 분자보다 크므로 **진**분수입니다.

4

수직선 위의 점들이 나타내는 분수는 왼쪽부터 차례

로 $\frac{3}{4}, \frac{5}{4}, \frac{10}{4}$입니다.

이때 $\frac{3}{4}$은 **진**분수이고 $\frac{5}{4}, \frac{10}{4}$은 모두 **가**분수입

니다.

5 (1) 진분수는 0과 1 사이의 수입니다. (○)

0보다 크고 1보다 작은 분수를 진분수라고 합니다.

(2) 분모가 6인 진분수는 모두 6개입니다. (×)

분모가 6인 진분수는 $\frac{1}{6}, \frac{2}{6}, \frac{3}{6}, \frac{4}{6}, \frac{5}{6}$로 모두

5개입니다.

(3) 가분수는 1과 같거나 1보다 큰 수입니다. (○)

1과 같은 수는 분모와 분자가 같고 1보다 큰 수는

분자가 분모보다 크므로 두 경우 모두 가분수입

니다.

(4) 자연수를 분수로 나타내면 진분수입니다. (×)

자연수를 분수로 나타내면 분모와 분자가 같으므

로 가분수입니다.

본문 p. 88

기본문제 배운 개념 적용하기

1 (1) 1개 ➡ $\frac{1}{3}$

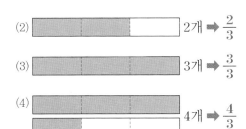

(2) 2개 ➡ $\dfrac{2}{3}$

(3) 3개 ➡ $\dfrac{3}{3}$

(4) 4개 ➡ $\dfrac{4}{3}$

2 (1) $\dfrac{4}{5}$ m

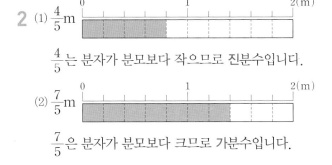

$\dfrac{4}{5}$ 는 분자가 분모보다 작으므로 진분수입니다.

(2) $\dfrac{7}{5}$ m

$\dfrac{7}{5}$ 은 분자가 분모보다 크므로 가분수입니다.

3 (1) $\dfrac{3}{4}$ 은 분자가 분모보다 작으므로 진분수입니다.

(2) $\dfrac{5}{5}$ 는 분자가 분모와 같으므로 가분수입니다.

(3) $\dfrac{5}{3}$ 는 분자가 분모보다 크므로 가분수입니다.

4 진분수는 분자가 분모보다 작은 분수이므로 $\dfrac{1}{3}$, $\dfrac{2}{3}$ 입니다.

가분수는 분자가 분모와 같거나 분모보다 큰 분수이므로 $\dfrac{3}{3}$, $\dfrac{4}{3}$, $\dfrac{5}{3}$, $\dfrac{6}{3}$ 입니다.

5 진분수는 분자가 분모보다 작은 분수이므로 $\dfrac{3}{4}$, $\dfrac{2}{5}$, $\dfrac{11}{12}$ 입니다.

가분수는 분자가 분모와 같거나 분모보다 큰 분수이므로 $\dfrac{7}{7}$, $\dfrac{5}{3}$, $\dfrac{10}{7}$ 입니다.

6 (1) $1 = \dfrac{3}{3}$, $1 = \dfrac{4}{4}$, $1 = \dfrac{6}{6}$

(2) $1 = \dfrac{2}{2}$, $2 = \dfrac{6}{3}$, $3 = \dfrac{15}{5}$

7 • 진분수입니다.

진분수이므로 분자가 분모다 작은 분수입니다.

• 분모가 7입니다.

분모가 7인 진분수이므로 분자는 1, 2, 3, 4, 5, 6 중의 하나입니다.

• 분자와 분모의 합이 10입니다.

분모가 7이므로 분자는 3입니다.

따라서 구하는 분수는 $\dfrac{3}{7}$ 입니다.

본문 p. 90

발전문제 배운 개념 응용하기

1 $\dfrac{1}{3}$ 이 5개 있으므로 $\dfrac{5}{3}$ 입니다.

2

3

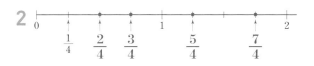

$\dfrac{3}{4}$ 은 분자가 분모보다 작으므로 진분수입니다.

$\dfrac{4}{4}$ 는 분자가 분모와 같으므로 가분수입니다.

$\dfrac{7}{4}$ 은 분자가 분모보다 크므로 가분수입니다.

4 (1) $\dfrac{1}{6}$ 이 5개인 분수는 $\dfrac{5}{6}$ 이고 이 분수는 분자가 분모보다 작으므로 진분수입니다.

(2) $\dfrac{1}{7}$ 이 8개인 분수는 $\dfrac{8}{7}$ 이고 이 분수는 분자가 분모보다 크므로 가분수입니다.

5 진분수는 분자가 분모보다 작은 분수이므로 $\frac{1}{3}$, $\frac{2}{5}$, $\frac{99}{100}$입니다.

가분수는 분자가 분모와 같거나 분모보다 큰 분수이므로 $\frac{5}{4}$, $\frac{12}{7}$, $\frac{10}{10}$입니다.

6 진분수는 분자가 분모보다 작은 분수입니다.

따라서 분모가 7인 진분수는 $\frac{1}{7}$, $\frac{2}{7}$, $\frac{3}{7}$, $\frac{4}{7}$, $\frac{5}{7}$, $\frac{6}{7}$으로 모두 6개입니다.

7 ⑴ 진분수는 분자가 분모보다 작은 분수입니다.

분모가 3인 진분수는 없습니다.

분모가 4인 진분수는 $\frac{3}{4}$입니다.

분모가 6인 진분수는 $\frac{3}{6}$, $\frac{4}{6}$입니다.

분모가 7인 진분수는 $\frac{3}{7}$, $\frac{4}{7}$, $\frac{6}{7}$입니다.

따라서 카드 2장을 선택하여 만들 수 있는 진분수는 모두 6개입니다.

⑵ 가분수는 분자가 분모와 같거나 분모보다 큰 분수입니다.

분모가 3인 가분수는 $\frac{4}{3}$, $\frac{6}{3}$, $\frac{7}{3}$입니다.

분모가 4인 가분수는 $\frac{6}{4}$, $\frac{7}{4}$입니다.

분모가 6인 가분수는 $\frac{7}{6}$입니다.

분모가 7인 가분수는 없습니다.

따라서 카드 2장을 선택하여 만들 수 있는 가분수는 모두 6개입니다.

8 ⑴ 3 ➡ $\frac{6}{2}$, $\frac{12}{4}$, $\frac{18}{6}$

⑵ 5 ➡ $\frac{25}{5}$, $\frac{30}{6}$, $\frac{35}{7}$

9 ⑴ 가분수는 분자가 분모와 같거나 분모보다 큰 분수입니다.

따라서 세 분수 중에서 조건에 맞는 분수는 $\frac{7}{6}$입니다.

⑵ 진분수는 분자가 분모보다 작은 작은 분수입니다.

세 분수 중에서 조건에 맞는 분수는 $\frac{7}{8}$입니다.

10 ⑴ 진분수는 분자가 분모보다 작은 분수입니다.

따라서 분모가 7인 진분수는 $\frac{1}{7}$, $\frac{2}{7}$, $\frac{3}{7}$, $\frac{4}{7}$, $\frac{5}{7}$, $\frac{6}{7}$이고 이 중에서 분자가 가장 큰 분수는 $\frac{6}{7}$입니다.

⑵ 가분수는 분자가 분모와 같거나 분모보다 큰 분수입니다.

따라서 분모가 9인 가분수는 $\frac{9}{9}$, $\frac{10}{9}$, $\frac{11}{9}$, … 이고 이 중에서 분자가 가장 작은 분수는 $\frac{9}{9}$입니다.

⑶ 가분수는 분자가 분모와 같거나 분모보다 큰 분수입니다.

그런데 $\frac{6}{\square}$이 가분수이므로 $\square$ 안에 들어갈 수 있는 수 중에서 1보다 큰 수는 6, 5, 4, 3, 2입니다.

11 진분수는 분자가 분모보다 작은 작은 분수이므로 $\frac{2}{3}$, $\frac{1}{2}$, $\frac{1}{4}$입니다.

가분수는 분자가 분모와 같거나 분모보다 큰 분수이므로 $\frac{6}{5}$입니다.

12 • 가분수입니다.

가분수이므로 분자가 분모와 같거나 분모보다 큰 분수입니다.

• 분자가 5입니다.

분자가 5인 가분수이므로 분모는 1, 2, 3, 4, 5 중의 하나입니다.

• 분자와 분모의 차가 2입니다.

분자가 5이므로 분모는 3입니다.

따라서 구하는 분수는 $\frac{5}{3}$입니다.

대분수

1 자연수와 진분수로 이루어진 분수를 대분수라고 합니다. 이때 진분수는 분자가 분모보다 작은 분수입니다.

따라서 대분수는 $1\frac{2}{5}$와 $2\frac{7}{8}$입니다.

| 참고 |

$2\frac{7}{6}$은 $\frac{7}{6}$이 진분수가 아니라 가분수이기 때문에 대분수가 아닙니다.

2 (1)

$$\frac{2}{2}+\frac{2}{2}+\frac{1}{2}=1+1+\frac{1}{2}=2\frac{1}{2}$$

(2)

$$\frac{3}{3}+\frac{3}{3}+\frac{3}{3}+\frac{1}{3}=1+1+1+\frac{1}{3}=3\frac{1}{3}$$

(3)

$$\frac{4}{4}+\frac{4}{4}+\frac{4}{4}+\frac{3}{4}=1+1+1+\frac{3}{4}=3\frac{3}{4}$$

3 (1) $4\frac{2}{3}$

(2) $5\frac{2}{4}$

(3) $3\frac{3}{5}$

4 (1) $2\frac{1}{4}$은 2과 3 사이의 수입니다. (○)

$2\frac{1}{4}$은 자연수 2보다 $\frac{1}{4}$만큼 큰 수이므로

$2<2\frac{1}{4}<3$입니다.

(2) $1\frac{3}{2}$과 $2\frac{3}{4}$은 모두 대분수입니다. (×)

$1\frac{3}{2}$은 $\frac{3}{2}$이 진분수가 아니라 가분수이기 때문에 대분수가 아닙니다.

$2\frac{3}{4}$은 대분수입니다.

(3) $3\frac{2}{5}=3+\frac{2}{5}$입니다. (○)

기본문제 배운 개념 적용하기

1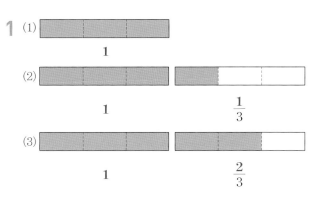

(1)

    1

(2)

    1 $\frac{1}{3}$

(3)

    1 $\frac{2}{3}$

2 (1) 자연수 : 2, 진분수 : $\frac{1}{6}$ ➡ 대분수 : $2\frac{1}{6}$

(2) 자연수 : 3, 진분수 : $\frac{3}{6}$ ➡ 대분수 : $3\frac{3}{6}$

3 자연수와 진분수로 이루어진 분수를 대분수라고 합니다. 이때 진분수는 분자가 분모보다 작은 분수입니다.

따라서 대분수는 $2\frac{3}{5}$, $8\frac{9}{11}$입니다.

4 (1) $\frac{9}{4}$는 분자가 분모보다 크므로 **가분수**입니다.

(2) $\frac{4}{9}$는 분자가 분모보다 작으므로 **진분수**입니다.

(3) $11\frac{4}{9}$ 는 자연수와 진분수로 이루어져 있으므로 대분수입니다.

5 (1) 2보다 크고 3보다 작은 대분수는 $2\frac{3}{4}$입니다.

(2) 4보다 크고 5보다 작은 대분수는 $4\frac{5}{8}$입니다.

본문 p. 98

발전문제 배운 개념 응용하기

1

2 (1) $\frac{3}{4}$ 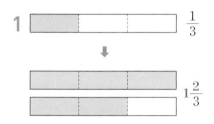 (진분수)

(2) $1\frac{1}{4}$ (대분수)

(3) $\frac{7}{4}$ (가분수)

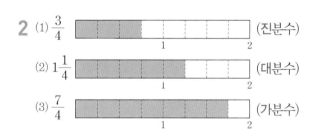

3 오늘은 1개를 4조각으로 똑같이 나눈 것 중에 1조각을 먹었으므로 오늘 먹은 복숭아는 $\frac{1}{4}$개입니다.
따라서 어제와 오늘 상현이가 먹은 복숭아를 대분수로 나타내면 $2\frac{1}{4}$개입니다.

4 왼쪽 그림은 $\frac{1}{5}$이 5개이므로 자연수 1을 나타내고 오른쪽 그림은 전체를 똑같이 5로 나눈 것 중의 1이므로 $\frac{1}{5}$을 나타냅니다.
따라서 그림을 대분수로 나타내면 $1\frac{1}{5}$입니다.

5 진분수는 분자가 분모보다 작은 분수이므로 $\frac{1}{6}$, $\frac{2}{5}$입니다.
가분수는 분자가 분모와 같거나 분모보다 큰 분수이므로 $\frac{6}{6}$, $\frac{10}{9}$입니다.
대분수는 자연수와 진분수로 이루어져 있으므로 $1\frac{2}{4}$, $5\frac{3}{7}$입니다.
이때 $1\frac{5}{3}$ 는 자연수와 가분수로 이루어져 있으므로 대분수가 아닙니다.

6 대분수는 자연수와 진분수로 이루어져 있습니다. 또한 진분수는 분자가 분모보다 작은 분수입니다.

(1) $1\frac{\square}{9}$가 대분수가 되려면 $\square < 9$이어야 합니다.
따라서 $\square = 1, 3, 5, 7$입니다.

(2) $6\frac{\square}{5}$가 대분수가 되려면 $\square < 5$이어야 합니다.
따라서 $\square = 3, 4$입니다.

7 • 대분수입니다.
대분수는 자연수와 진분수로 이루어져 있습니다.
• 자연수 부분이 2입니다.
자연수 부분이 2이므로 구하는 대분수는 $2\frac{\bigcirc}{\square}$꼴입니다.
• 분모가 5입니다.
분모가 5이므로 $2\frac{\bigcirc}{5}$입니다.
이때 $\frac{\bigcirc}{5}$는 진분수이어야 하므로, 즉 분자가 분모보다 작아야 하므로 $\bigcirc < 5$이어야 합니다.
따라서 $\bigcirc = 1, 2, 3, 4$입니다.
따라서 구하는 분수는 $2\frac{1}{5}$, $2\frac{2}{5}$, $2\frac{3}{5}$, $2\frac{4}{5}$입니다.

8 • 자연수는 2입니다.
자연수가 2인 대분수는 $2\frac{\bigcirc}{\square}$꼴입니다.
• 진분수의 분모와 분자의 합은 6입니다.
진분수이므로 분모가 분자보다 더 크고 분모와 분자의 합이 6인 (분모, 분자)를 나열하면
(5, 1), (4, 2)이다.

• 진분수의 분모와 분자의 차는 2입니다.
  진분수의 분모와 분자의 차가 2인 것은 (4, 2)입니다.

  따라서 구하는 대분수는 $2\dfrac{2}{4}$입니다.

9 냉장고에서 반만 남겨진 빵 1조각은 $\dfrac{1}{2}$을 의미합니다.
   따라서 서정이가 찾은 빵의 개수를 대분수로 나타내
   면 $4\dfrac{1}{2}$입니다.

1 (1)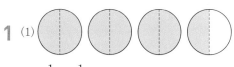

   $3\dfrac{1}{2}$은 $\dfrac{1}{2}$이 **7**개입니다.

   (2)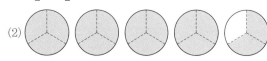

   $4\dfrac{2}{3}$는 $\dfrac{1}{3}$이 **14**개입니다.

   (3)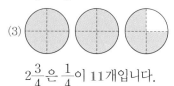

   $2\dfrac{3}{4}$은 $\dfrac{1}{4}$이 **11**개입니다.

10 먼저 자연수 부분에 수 하나를 놓고, 남은 두 수로
    진분수를 만듭니다. 이때 진분수는 분자가 분모보
    다 작아야 합니다.

    따라서 만들 수 있는 대분수는 $2\dfrac{3}{4}$, $3\dfrac{2}{4}$, $4\dfrac{2}{3}$입니
    다.

11 대분수는 자연수와 진분수로 이루어져 있습니다.
    3보다 크고 4보다 작은 대분수이므로 자연수 부
    분이 3입니다.
    진분수는 분자가 분모보다 작은 분수이므로 진분
    수는 $\dfrac{2}{4}$, $\dfrac{2}{5}$, $\dfrac{4}{5}$입니다.
    따라서 3보다 크고 4보다 작은 대분수는
    $3\dfrac{2}{4}$, $3\dfrac{2}{5}$, $3\dfrac{4}{5}$입니다.

2 (1)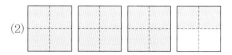

   그림을 대분수로 나타내면 $1\dfrac{1}{2}$, 가분수로 나타내

   면 $\dfrac{3}{2}$입니다.

   (2)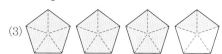

   그림을 대분수로 나타내면 $3\dfrac{2}{4}$, 가분수로 나타내

   면 $\dfrac{14}{4}$입니다.

   (3)

   그림을 대분수로 나타내면 $3\dfrac{2}{5}$, 가분수로 나타내

   면 $\dfrac{17}{5}$입니다.

12 대분수는 자연수와 진분수로 이루어져 있습니다.
    자연수 부분이 클 때 대분수도 크므로 자연수 부
    분은 8이어야 합니다.
    진분수는 분자가 분모보다 작은 분수이므로 진분
    수는 $\dfrac{2}{5}$입니다.
    따라서 만들 수 있는 분수 중에서 가장 큰 대분수
    는 $8\dfrac{2}{5}$입니다.

3 (1) $4\dfrac{1}{2}=4+\dfrac{1}{2}$

  (2) $3\dfrac{2}{3}=3+\dfrac{2}{3}=\dfrac{9}{3}+\dfrac{2}{3}$

  (3) $2\dfrac{3}{4}=2+\dfrac{3}{4}=\dfrac{8}{4}+\dfrac{3}{4}=\dfrac{8+3}{4}$

(4) $1\dfrac{2}{5}=1+\dfrac{2}{5}=\dfrac{5}{5}+\dfrac{2}{5}=\dfrac{5+2}{5}=\dfrac{7}{5}$

본문 p. 104

1 (1) 1이 3개이므로 자연수 부분은 3이고 진분수는 $\dfrac{1}{2}$

이므로 그림을 대분수로 나타내면 $3\dfrac{1}{2}$입니다.

(2) $\dfrac{1}{2}$

(3) 7

(4) $\dfrac{1}{2}$이 7개이므로 $\dfrac{7}{2}$입니다.

2 (1) $1\dfrac{1}{8}$은 $\dfrac{1}{8}$이 모두 **9**개이므로 $\dfrac{\mathbf{9}}{8}$입니다.

(2) $2\dfrac{3}{5}$은 $\dfrac{1}{5}$이 모두 **13**개이므로 $\dfrac{\mathbf{13}}{5}$입니다.

3 (1) $1\dfrac{2}{3}=\dfrac{\mathbf{5}}{3}$

(2) $2\dfrac{3}{4}=\dfrac{\mathbf{11}}{4}$

4 (1) $3=\dfrac{\mathbf{6}}{2}=\dfrac{\mathbf{9}}{3}=\dfrac{\mathbf{12}}{4}$

(2) $4=\dfrac{\mathbf{8}}{2}=\dfrac{\mathbf{12}}{3}=\dfrac{\mathbf{16}}{4}$

(3) $8=\dfrac{\mathbf{16}}{2}=\dfrac{\mathbf{24}}{3}=\dfrac{\mathbf{32}}{4}$

5 $2\dfrac{5}{9}=2+\dfrac{5}{9}=\dfrac{18}{9}+\dfrac{5}{9}=\dfrac{23}{9}$

따라서 $2\dfrac{5}{9}$는 $\dfrac{23}{9}$이므로 $\dfrac{1}{9}$이 **23**개입니다.

| 다른 풀이 |

$2\dfrac{5}{9}$에서 자연수 2를 가분수 $\dfrac{18}{9}$로 나타내면 $2\dfrac{5}{9}$는 $\dfrac{1}{9}$이

모두 23개이므로 $2\dfrac{5}{9}=\dfrac{23}{9}$입니다.

6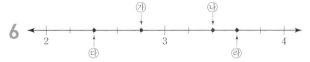

㉮ $2\dfrac{4}{5}$

㉯ $3\dfrac{2}{5}$

㉰ $2\dfrac{2}{5}=2+\dfrac{2}{5}=\dfrac{10}{5}+\dfrac{2}{5}=\dfrac{\mathbf{12}}{5}$

㉱ $3\dfrac{3}{5}=3+\dfrac{3}{5}=\dfrac{15}{5}+\dfrac{3}{5}=\dfrac{\mathbf{18}}{5}$

| 다른 풀이 |

㉰ $2\dfrac{2}{5}$에서 자연수 2를 가분수 $\dfrac{10}{5}$으로 나타내면 $2\dfrac{2}{5}$는

$\dfrac{1}{5}$이 모두 12개이므로 $2\dfrac{2}{5}=\dfrac{12}{5}$입니다.

㉱ $3\dfrac{3}{5}$에서 자연수 3을 가분수 $\dfrac{15}{5}$로 나타내면 $3\dfrac{3}{5}$은

$\dfrac{1}{5}$이 모두 18개이므로 $3\dfrac{3}{5}=\dfrac{18}{5}$입니다.

7 (1) $2\dfrac{1}{5}=2+\dfrac{1}{5}=\dfrac{10}{5}+\dfrac{1}{5}=\dfrac{\mathbf{11}}{5}$

(2) $3\dfrac{5}{6}=3+\dfrac{5}{6}=\dfrac{18}{6}+\dfrac{5}{6}=\dfrac{\mathbf{23}}{6}$

(3) $5\dfrac{4}{7}=5+\dfrac{4}{7}=\dfrac{35}{7}+\dfrac{4}{7}=\dfrac{\mathbf{39}}{7}$

| 다른 풀이 |

(1) $2\dfrac{1}{5}$에서 자연수 2를 가분수 $\dfrac{10}{5}$으로 나타내면 $2\dfrac{1}{5}$은

$\dfrac{1}{5}$이 모두 11개이므로 $2\dfrac{1}{5}=\dfrac{11}{5}$입니다.

(2) $3\dfrac{5}{6}$에서 자연수 3을 가분수 $\dfrac{18}{6}$로 나타내면 $3\dfrac{5}{6}$는 $\dfrac{1}{6}$

이 모두 23개이므로 $3\dfrac{5}{6}=\dfrac{23}{6}$입니다.

(3) $5\dfrac{4}{7}$에서 자연수 5를 가분수 $\dfrac{35}{7}$로 나타내면 $5\dfrac{4}{7}$는 $\dfrac{1}{7}$

이 모두 39개이므로 $5\dfrac{4}{7}=\dfrac{39}{7}$입니다.

1 (1)

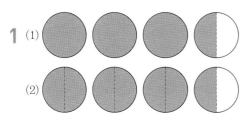

(2)

(3) **7**

(4) $\dfrac{7}{2}$

2 (1) $2\dfrac{2}{3}$ 는 $\dfrac{1}{3}$ 이 모두 8개이므로 $2\dfrac{2}{3} = \dfrac{8}{3}$ 입니다.

(2) $3\dfrac{3}{4}$ 은 $\dfrac{1}{4}$ 이 모두 15개이므로 $3\dfrac{3}{4} = \dfrac{15}{4}$ 입니다.

3 (1) $3\dfrac{1}{5}$ ➡ 3과 $\dfrac{1}{5}$ ➡ $\dfrac{15}{5}$ 와 $\dfrac{1}{5}$ ➡ $\dfrac{16}{5}$

(2) $5\dfrac{2}{3}$ ➡ 5와 $\dfrac{2}{3}$ ➡ $\dfrac{15}{5}$ 와 $\dfrac{2}{3}$ ➡ $\dfrac{17}{3}$

4 (1) $1\dfrac{2}{3} = 1 + \dfrac{2}{3}$

(2) $2\dfrac{1}{4} = 2 + \dfrac{1}{4}$

(3) $2\dfrac{3}{4} = \dfrac{8}{4} + \dfrac{3}{4} = \dfrac{11}{4}$

(4) $3\dfrac{2}{5} = \dfrac{15}{5} + \dfrac{2}{5} = \dfrac{17}{5}$

(5) $3\dfrac{3}{4} = \dfrac{12+3}{4} = \dfrac{15}{4}$

(6) $4\dfrac{3}{5} = \dfrac{20+3}{5} = \dfrac{23}{5}$

5 (1) $1\dfrac{1}{2} = \dfrac{1 \times 2 + 1}{2} = \dfrac{3}{2}$

(2) $2\dfrac{2}{4} = \dfrac{2 \times 4 + 2}{4} = \dfrac{10}{4}$

(3) $3\dfrac{4}{5} = \dfrac{3 \times 5 + 4}{5} = \dfrac{19}{5}$

(4) $4\dfrac{3}{7} = \dfrac{4 \times 7 + 3}{7} = \dfrac{31}{7}$

6 (1) $1\dfrac{1}{4} = \dfrac{1 \times 4 + 1}{4} = \dfrac{5}{4}$

(2) $3\dfrac{2}{5} = \dfrac{3 \times 5 + 2}{5} = \dfrac{17}{5}$

(3) $5\dfrac{3}{6} = \dfrac{5 \times 6 + 3}{6} = \dfrac{33}{6}$

(4) $6\dfrac{4}{7} = \dfrac{6 \times 7 + 4}{7} = \dfrac{46}{7}$

7 $7\dfrac{2}{3} = \dfrac{7 \times 3 + 2}{3} = \dfrac{23}{3}$

$3\dfrac{7}{9} = \dfrac{3 \times 9 + 7}{9} = \dfrac{34}{9}$

$4\dfrac{1}{9} = \dfrac{4 \times 9 + 1}{9} = \dfrac{37}{9}$

$8\dfrac{1}{3} = \dfrac{8 \times 3 + 1}{3} = \dfrac{25}{3}$

따라서 크기가 같은 대분수와 가분수를 선으로 연결하면 다음과 같습니다.

$7\dfrac{2}{3}$ •　　•$\dfrac{34}{9}$

$3\dfrac{7}{9}$ •　　•$\dfrac{23}{3}$

$4\dfrac{1}{9}$ •　　•$\dfrac{25}{3}$

$8\dfrac{1}{3}$ •　　•$\dfrac{37}{9}$

8 (1) $3\dfrac{4}{6} = \dfrac{3 \times 6 + 4}{6} = \dfrac{22}{6}$

(2) $4\dfrac{3}{7} = \dfrac{4 \times 7 + 3}{7} = \dfrac{31}{7}$

(3) $6\dfrac{1}{3} = \dfrac{6 \times 3 + 1}{3} = \dfrac{19}{3}$

(4) $11\dfrac{3}{5} = \dfrac{11 \times 5 + 3}{5} = \dfrac{58}{5}$

9 대분수는 자연수와 진분수로 이루어져 있습니다.
자연수 부분이 클 때 대분수도 크므로 자연수 부분은 7이어야 합니다.
진분수는 분자가 분모보다 작은 분수이므로 진분수는 $\dfrac{3}{5}$ 입니다.

만들 수 있는 분수 중에서 가장 큰 대분수는 $7\dfrac{3}{5}$ 입니다.

따라서 대분수 $7\dfrac{3}{5}$ 을 가분수로 나타내면 다음과 같습니다.

$$7\frac{3}{5}=\frac{7\times5+3}{5}=\frac{38}{5}$$

10 대분수는 자연수와 진분수로 이루어져 있습니다. 진분수는 분자가 분모보다 작은 분수이고 분모와 분자의 합이 10이므로 진분수는 $\frac{3}{7}$입니다.

이때 자연수 부분이 8이므로 대분수는 $8\frac{3}{7}$입니다.

따라서 대분수 $8\frac{3}{7}$을 가분수로 나타내면 다음과 같습니다.

$$8\frac{3}{7}=\frac{8\times7+3}{7}=\frac{59}{7}$$

11 • 각 자리에 쓰인 세 수의 합이 12입니다.

구하는 대분수를 $\triangle\dfrac{\bigcirc}{\square}$라 하면

$\triangle+\square+\bigcirc=12$입니다.

• 진분수의 분모와 분자의 합이 7입니다.

$\square+\bigcirc=7$이므로 $\triangle=5$입니다.

이때 $\dfrac{\bigcirc}{\square}$는 진분수이므로 $\bigcirc<\square$입니다.

$\bigcirc<\square$이면서 $\square+\bigcirc=7$을 만족하는 $\square$와 $\bigcirc$는 다음과 같습니다.

$\square$	6	5	4
$\bigcirc$	1	2	3

• 진분수의 분모와 분자의 차가 1입니다.

분모와 분자의 차가 1인 경우는 $\square=4$, $\bigcirc=3$일 때입니다.

따라서 구하는 대분수는 $5\frac{3}{4}$이고 이것을 가분수로 나타내면 다음과 같습니다.

$$5\frac{3}{4}=\frac{5\times4+3}{4}=\frac{23}{4}$$

1 (1) $\frac{7}{2}=3\frac{1}{2}$

(2) $\frac{8}{3}=2\frac{2}{3}$

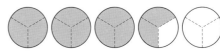

2 (1) $\frac{5}{2}=2\frac{1}{2}$

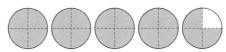

(2) $\frac{11}{3}=3\frac{2}{3}$

(3) $\frac{19}{4}=4\frac{3}{4}$

3 (1) $\frac{9}{2}=\frac{8+1}{2}$

(2) $\frac{13}{3}=\frac{12+1}{3}=\frac{12}{3}+\frac{1}{3}$

(3) $\frac{15}{4}=\frac{12+3}{4}=\frac{12}{4}+\frac{3}{4}=3+\frac{3}{4}$

(4) $\frac{12}{5}=\frac{10+2}{5}=\frac{10}{5}+\frac{2}{5}=2+\frac{2}{5}=2\frac{2}{5}$

기본문제 배운 개념 적용하기

1 (1) 가분수 $\frac{9}{4}$는 $\frac{1}{4}$이 9개인 분수이므로 작은 사각형 9개에 색칠하면 됩니다.

(2) 작은 사각형 4개를 모두 색칠한 큰 사각형은 모두 2개입니다. 이때 큰 사각형은 $\frac{4}{4}$, 즉 1을 의미합니다.

(3) $\frac{1}{4}$

(4) 가분수 $\frac{9}{4}$를 대분수로 나타내면 $2\frac{1}{4}$입니다.

2 (1) $\frac{1}{5}$이 6개인 분수는 $\frac{6}{5}$입니다.

$\frac{6}{5}$은 $1\left(=\frac{5}{5}\right)$과 $\frac{1}{5}$이므로 $1\frac{1}{5}$과 같습니다.

(2) $\frac{1}{6}$이 10개인 분수는 $\frac{10}{6}$입니다.

$\frac{10}{6}$은 $1\left(=\frac{6}{6}\right)$과 $\frac{4}{6}$이므로 $1\frac{4}{6}$와 같습니다.

3 수직선에서 각 눈금은 $\frac{1}{3}$입니다.

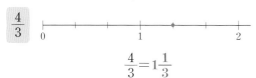

$\frac{4}{3}=1\frac{1}{3}$

4 (1) $\frac{5}{3}=\frac{3}{3}+\frac{2}{3}=1+\frac{2}{3}=1\frac{2}{3}$

(2) $\frac{10}{4}=\frac{8}{4}+\frac{2}{4}=2+\frac{2}{4}=2\frac{2}{4}$

(3) $\frac{19}{5}=\frac{15}{5}+\frac{4}{5}=3+\frac{4}{5}=3\frac{4}{5}$

(4) $\frac{26}{6}=\frac{24}{6}+\frac{2}{6}=4+\frac{2}{6}=4\frac{2}{6}$

5 (1) $\frac{7}{3}=\frac{6}{3}+\frac{1}{3}=2+\frac{1}{3}=2\frac{1}{3}$

(2) $\frac{13}{4}=\frac{12}{4}+\frac{1}{4}=3+\frac{1}{4}=3\frac{1}{4}$

(3) $\frac{11}{5}=\frac{10}{5}+\frac{1}{5}=2+\frac{1}{5}=2\frac{1}{5}$

(4) $\frac{15}{7}=\frac{14}{7}+\frac{1}{7}=2+\frac{1}{7}=2\frac{1}{7}$

6 (1) 5를 2로 나누면 몫은 2이고 나머지는 1입니다.

➡ $5\div2=\frac{5}{2}=2\frac{1}{2}$

(2) 11을 3으로 나누면 몫은 3이고 나머지는 2입니다.

➡ $11\div3=\frac{11}{3}=3\frac{2}{3}$

(3) 19를 4로 나누면 몫은 4이고 나머지는 3입니다.

➡ $19\div4=\frac{19}{4}=4\frac{3}{4}$

(4) 24를 5로 나누면 몫은 4이고 나머지는 4입니다.

➡ $24\div5=\frac{24}{5}=4\frac{4}{5}$

발전문제 배운 개념 응용하기

1 $\frac{1}{4}$이 9개인 분수는 $\frac{9}{4}$입니다.

$\frac{9}{4}$는 $2\left(=\frac{8}{4}\right)$와 $\frac{1}{4}$이므로 $2\frac{1}{4}$과 같습니다.

2 $\frac{2}{3}$가 4개인 분수는 $\frac{8}{3}$입니다.

$\frac{8}{3}$은 $2\left(=\frac{6}{3}\right)$와 $\frac{2}{3}$이므로 $2\frac{2}{3}$와 같습니다.

3 (1) $\frac{7}{2}$ ➡

$\frac{7}{2}$은 3과 $\frac{1}{2}$이므로 $3\frac{1}{2}$과 같습니다.

(2) $\frac{9}{4}$ ➡

$\frac{9}{4}$는 2와 $\frac{1}{4}$이므로 $2\frac{1}{4}$과 같습니다.

4 (1) 8을 3으로 나누면 몫은 2이고 나머지는 2입니다.

➡ $8 \div 3 = 2 \cdots\cdots 2$

➡ $8 \div 3 = \dfrac{8}{3} = 2\dfrac{2}{3}$

(2) 13을 4로 나누면 몫은 3이고 나머지는 1입니다.

➡ $13 \div 4 = 3 \cdots\cdots 1$

➡ $13 \div 4 = \dfrac{13}{4} = 3\dfrac{1}{4}$

5 (1) $\dfrac{28}{5}$ ➡ 나눗셈식 : $28 \div 5 = 5 \cdots\cdots 3$

➡ $\dfrac{28}{5} = 5\dfrac{3}{5}$

(2) $\dfrac{65}{9}$ ➡ 나눗셈식 : $65 \div 9 = 7 \cdots\cdots 2$

➡ $\dfrac{65}{9} = 7\dfrac{2}{9}$

6 (1) $4\overline{\smash{)}11}$ 몫 2, 8, 3 ➡ $\dfrac{11}{4} = 2\dfrac{3}{4}$

(2) $5\overline{\smash{)}17}$ 몫 3, 15, 2 ➡ $\dfrac{17}{5} = 3\dfrac{2}{5}$

7 17을 5로 나누면 몫은 3이고 나머지는 2입니다.

➡ $17 \div 5 = 3 \cdots\cdots 2$

➡ $17 \div 5 = \dfrac{17}{5} = 3\dfrac{2}{5}$

21을 5로 나누면 몫은 4이고 나머지는 1입니다.

➡ $21 \div 5 = 4 \cdots\cdots 1$

➡ $21 \div 5 = \dfrac{21}{5} = 4\dfrac{1}{5}$

35를 17로 나누면 몫은 2이고 나머지는 1입니다.

➡ $35 \div 17 = 2 \cdots\cdots 1$

➡ $35 \div 17 = \dfrac{35}{17} = 2\dfrac{1}{17}$

55를 17로 나누면 몫은 3이므로 나머지는 4입니다.

➡ $55 \div 17 = 3 \cdots\cdots 4$

➡ $55 \div 17 = \dfrac{55}{17} = 3\dfrac{4}{17}$

따라서 크기가 같은 가분수와 대분수를 선으로 그어 연결하면 다음과 같습니다.

$\dfrac{17}{5}$ • — • $3\dfrac{4}{17}$

$\dfrac{21}{5}$ • — • $4\dfrac{1}{5}$

$\dfrac{35}{17}$ • — • $3\dfrac{2}{5}$

$\dfrac{55}{17}$ • — • $2\dfrac{1}{17}$

| 다른 풀이 |

$5\overline{\smash{)}17}$ 몫 3, 15, 2 ➡ $\dfrac{17}{5} = 3\dfrac{2}{5}$

$5\overline{\smash{)}21}$ 몫 4, 20, 1 ➡ $\dfrac{21}{5} = 4\dfrac{1}{5}$

$17\overline{\smash{)}35}$ 몫 2, 34, 1 ➡ $\dfrac{35}{17} = 2\dfrac{1}{17}$

$17\overline{\smash{)}55}$ 몫 3, 51, 4 ➡ $\dfrac{55}{17} = 3\dfrac{4}{17}$

8 (1) 38을 6으로 나누면 몫은 6이고 나머지는 2입니다.

➡ $38 \div 6 = 6 \cdots\cdots 2$

➡ $38 \div 6 = \dfrac{38}{6} = 6\dfrac{2}{6}$

(2) 57을 9로 나누면 몫은 6이고 나머지는 3입니다.

➡ $57 \div 9 = 6 \cdots\cdots 3$

➡ $57 \div 9 = \dfrac{57}{9} = 6\dfrac{3}{9}$

(3) 48을 13으로 나누면 몫은 3이고 나머지는 9입니다.

➡ $48 \div 13 = 3 \cdots\cdots 9$

➡ $48 \div 13 = \dfrac{48}{13} = 3\dfrac{9}{13}$

(4) 77을 25로 나누면 몫은 3이고 나머지는 2입니다.

➡ $77 \div 25 = 3 \cdots\cdots 2$

➡ $77 \div 25 = \dfrac{77}{25} = 3\dfrac{2}{25}$

| 다른 풀이 |

(1) $6\overline{\smash{)}38}$ 몫 6, 36, 2 ➡ $\dfrac{38}{6} = 6\dfrac{2}{6}$

(2)
$$
\begin{array}{r}
6 \\
9{\overline{\smash{\big)}\,57}} \\
\underline{5\,4} \\
3
\end{array}
$$
$\Rightarrow \dfrac{57}{9}=6\dfrac{3}{9}$

(3)
$$
\begin{array}{r}
3 \\
13{\overline{\smash{\big)}\,48}} \\
\underline{3\,9} \\
9
\end{array}
$$
$\Rightarrow \dfrac{48}{13}=3\dfrac{9}{13}$

(4)
$$
\begin{array}{r}
3 \\
25{\overline{\smash{\big)}\,77}} \\
\underline{7\,5} \\
2
\end{array}
$$
$\Rightarrow \dfrac{77}{25}=3\dfrac{2}{25}$

9 분수는 분모가 클수록 작아집니다.

세 수 2, 3, 5 중에서 가장 큰 수가 5이므로 5를 분모로 할 때 가분수는 가장 작아집니다.

따라서 가장 작은 가분수는 $\dfrac{\bigcirc\bigcirc}{5}$ 꼴입니다.

분수는 분자가 작을수록 작아집니다.

남아 있는 두 수 2, 3으로 만들 수 있는 두 자리 수는 23과 32이고 이때 작은 수는 23입니다.

따라서 만들 수 있는 가장 작은 가분수는 $\dfrac{23}{5}$ 입니다.

$\dfrac{23}{5}=\dfrac{20+3}{5}=\dfrac{20}{5}+\dfrac{3}{5}=4+\dfrac{3}{5}=4\dfrac{3}{5}$ 입니다.

| 다른 풀이 |

23을 5로 나누면 몫은 4이고 나머지는 3입니다.

➡ $23\div5=4\cdots3$

➡ $23\div5=\dfrac{23}{5}=4\dfrac{3}{5}$

| 다른 풀이 |

$$
\begin{array}{r}
4 \\
5{\overline{\smash{\big)}\,23}} \\
\underline{2\,0} \\
3
\end{array}
$$
$\Rightarrow \dfrac{23}{5}=4\dfrac{3}{5}$

10 • 가분수의 분모와 분자의 합이 31입니다.

가분수는 (분자)>(분모)이고 가분수의 분모와 분자의 합이 31이므로 분자와 분모는 다음과 같이 여러 가지 경우가 있습니다.

분자	30	29	28	27	26	25
분모	1	2	3	4	5	6

분자	24	23	22	⋯	17	16
분모	7	8	9	⋯	14	15

• 가분수의 분자를 분모로 나누면 몫이 4입니다.

가분수의 분자를 분모로 나누면 몫이 4인 경우는 분자가 25, 분모가 6인 $\dfrac{25}{6}$ 인 경우입니다.

• 대분수의 각 자리에 쓰인 세 수의 합이 11입니다.

$\dfrac{25}{6}=\dfrac{24+1}{6}=\dfrac{24}{6}+\dfrac{1}{6}=4+\dfrac{1}{6}=4\dfrac{1}{6}$ 입니다.

이때 $4\dfrac{1}{6}$ 은 조건 '대분수의 각 자리에 쓰인 세 수의 합이 11입니다.'를 만족합니다.

따라서 구하는 가분수는 $\dfrac{25}{6}$ 이고 이 가분수를 대분수로 나타내면 $4\dfrac{1}{6}$ 입니다.

11 대분수는 자연수와 진분수로 이루어져 있습니다. 이때 진분수는 분자가 분모보다 작아야 합니다.

그런데 승우가 나타낸 $1\dfrac{25}{12}$ 에서 $\dfrac{25}{12}$ 는 분자가 분모보다 크므로 진분수가 아닙니다.

따라서 잘못된 말을 하고 있는 학생은 **승우**입니다.

가분수 $\dfrac{27}{12}$ 을 대분수로 옳게 나타내면

$\dfrac{27}{12}=\dfrac{24+3}{12}=\dfrac{24}{12}+\dfrac{3}{12}=2+\dfrac{3}{12}=2\dfrac{3}{12}$ 입니다.

DAY 15 분모가 같은 분수의 크기 비교

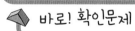

바로! 확인문제　　　　본문 p. 119

1 (1) $\dfrac{1}{2}$ $\dfrac{1}{2}$ $\dfrac{1}{2}$ 은 $\dfrac{1}{2}$ 이 3개이므로 $\dfrac{3}{2}$ 입니다.

$\dfrac{1}{2}$ $\dfrac{1}{2}$ $\dfrac{1}{2}$ $\dfrac{1}{2}$ $\dfrac{1}{2}$ 은 $\dfrac{1}{2}$ 이 5개이므로 $\dfrac{5}{2}$ 입니다.

따라서 $\dfrac{3}{2}<\dfrac{5}{2}$ 입니다.

(2) $\frac{1}{3}$ $\frac{1}{3}$ $\frac{1}{3}$ $\frac{1}{3}$ $\frac{1}{3}$ $\frac{1}{3}$ $\frac{1}{3}$ 은 $\frac{1}{3}$ 이 7개이므로

$\frac{7}{3}$ 입니다.

$\frac{1}{3}$ $\frac{1}{3}$ $\frac{1}{3}$ $\frac{1}{3}$ $\frac{1}{3}$ $\frac{1}{3}$ 은 $\frac{1}{3}$ 이 6개이므로

$\frac{7}{3} > \frac{6}{3}$ 입니다.

2 (1) 은 $1\frac{3}{4}$ 입니다.

은 $2\frac{1}{4}$ 입니다.

따라서 $1\frac{3}{4} < 2\frac{1}{4}$ 입니다.

(2) 은 $2\frac{2}{3}$ 입니다.

은 $2\frac{1}{3}$ 입니다.

따라서 $2\frac{2}{3} > 2\frac{1}{3}$ 입니다.

3 (1) $1\frac{2}{3}$ 를 가분수로 고치면

$1\frac{2}{3} = 1 + \frac{2}{3} = \frac{3}{3} + \frac{2}{3} = \frac{3+2}{3} = \frac{5}{3}$

$1\frac{2}{3} \bigcirc \frac{4}{3}$ 에서 $\frac{5}{3} \bigcirc \frac{4}{3}$ 이고

이때 5>4이므로 $\frac{5}{3} > \frac{4}{3}$ 입니다.

따라서 $1\frac{2}{3} > \frac{4}{3}$ 입니다.

(2) $2\frac{2}{4}$ 를 가분수로 고치면

$2\frac{2}{4} = 2 + \frac{2}{4} = \frac{8}{4} + \frac{2}{4} = \frac{8+2}{4} = \frac{10}{4}$

$\frac{9}{4} \bigcirc 2\frac{2}{4}$ 에서 $\frac{9}{4} \bigcirc \frac{10}{4}$ 이고

이때 9<10이므로 $\frac{9}{4} < \frac{10}{4}$ 입니다.

따라서 $\frac{9}{4} < 2\frac{2}{4}$ 입니다.

4 (1) $\frac{4}{3}$ 를 대분수로 고치면 $1\frac{1}{3}$ 입니다.

$1\frac{2}{3} \bigcirc \frac{4}{3}$ 에서 $1\frac{2}{3} \bigcirc 1\frac{1}{3}$ 입니다.

이때 2>1이므로 $1\frac{2}{3} > 1\frac{1}{3}$ 입니다.

따라서 $1\frac{2}{3} > \frac{4}{3}$ 입니다.

(2) $\frac{9}{4}$ 를 대분수로 고치면 $2\frac{1}{4}$ 입니다.

$\frac{9}{4} \bigcirc 2\frac{2}{4}$ 에서 $2\frac{1}{4} \bigcirc 2\frac{2}{4}$ 입니다.

이때 1<2이므로 $2\frac{1}{4} < 2\frac{2}{4}$ 입니다.

이때 1<2이므로 $\frac{9}{4} < 2\frac{2}{4}$ 입니다.

본문 p. 120

기본문제 배운 개념 적용하기

1 분모가 같은 가분수는 분자가 클수록 큰 수입니다.

(1) $\frac{10}{6}$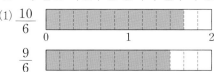

$\frac{9}{6}$

따라서 $\frac{10}{6} > \frac{9}{6}$ 입니다.

(2) $\frac{7}{4}$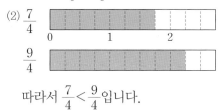

$\frac{9}{4}$

따라서 $\frac{7}{4} < \frac{9}{4}$ 입니다.

2 (1) 자연수의 크기가 다르면 자연수의 크기를 비교합니다. 이때 자연수의 크기가 더 큰 대분수가 더 큽니다.

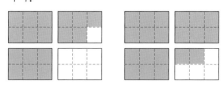

따라서 $2\frac{5}{6} < 3\frac{2}{6}$ 입니다.

(2) 자연수의 크기가 같을 때 분모가 같은 대분수는 분자가 클수록 큰 수입니다.

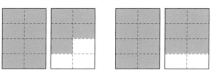

따라서 $1\frac{5}{8} < 1\frac{6}{8}$ 입니다.

3 분모가 같은 가분수와 대분수는 가분수 또는 대분수로 같게 나타낸 후 크기를 비교합니다.

(1) $1\dfrac{3}{4}=\dfrac{7}{4}$이므로 $1\dfrac{3}{4}>\dfrac{6}{4}$입니다.

(2) $2\dfrac{2}{4}=\dfrac{10}{4}$이므로 $\dfrac{7}{4}<2\dfrac{2}{4}$입니다.

| 다른 풀이 |

(1) $\dfrac{6}{4}=1\dfrac{2}{4}$이므로 $1\dfrac{3}{4}>\dfrac{6}{4}$입니다.

(2) $\dfrac{7}{4}=1\dfrac{3}{4}$이므로 $\dfrac{7}{4}<2\dfrac{2}{4}$입니다.

4 (1) 분모가 같은 가분수는 분자가 클수록 큰 수입니다.

$\dfrac{8}{5}$은 $\dfrac{1}{5}$이 8개이고 $\dfrac{7}{5}$은 $\dfrac{1}{5}$이 7개입니다.

따라서 $\dfrac{8}{5}>\dfrac{7}{5}$입니다.

(2) 분모가 같은 가분수와 대분수는 가분수 또는 대분수로 같게 나타낸 후 크기를 비교합니다.

$1\dfrac{6}{7}$은 $\dfrac{13}{7}$이므로 $\dfrac{1}{7}$이 13개이고

$\dfrac{15}{7}$는 $\dfrac{1}{7}$이 15개입니다.

따라서 $1\dfrac{6}{7}<\dfrac{15}{7}$입니다.

| 다른 풀이 |

(2) $\dfrac{15}{7}=2\dfrac{1}{7}$이므로 $1\dfrac{6}{7}<\dfrac{15}{7}$입니다.

5 분모가 같은 가분수와 대분수는 가분수 또는 대분수로 같게 나타낸 후 크기를 비교합니다.

(1) $1\dfrac{3}{6}=\dfrac{9}{6}$이므로 $\dfrac{10}{6}>\dfrac{9}{6}\left(=1\dfrac{3}{6}\right)$입니다.

(2) $\dfrac{10}{6}=1\dfrac{4}{6}$이므로 $1\dfrac{3}{6}<1\dfrac{4}{6}\left(=\dfrac{10}{6}\right)$입니다.

6 (1) 분모가 같은 가분수는 분자가 클수록 큰 수입니다.

따라서 $\dfrac{8}{7}<\dfrac{9}{7}$입니다.

(2) 자연수의 크기가 다르면 자연수의 크기를 비교합니다. 이때 자연수의 크기가 더 큰 대분수가 더 큽니다.

따라서 $3\dfrac{2}{5}>2\dfrac{4}{5}$입니다.

(3) 자연수의 크기가 같을 때 분모가 같은 대분수는 분자가 클수록 큰 수입니다.

따라서 $2\dfrac{3}{8}<2\dfrac{5}{8}$입니다.

(4) 분모가 같은 가분수와 대분수는 가분수 또는 대분수로 같게 나타낸 후 크기를 비교합니다.

따라서 $3\dfrac{1}{3}=\dfrac{10}{3}$이므로 $\dfrac{11}{3}>3\dfrac{1}{3}$입니다.

| 다른 풀이 |

(4) $\dfrac{11}{3}=3\dfrac{2}{3}$이므로 $\dfrac{11}{3}>3\dfrac{1}{3}$입니다.

본문 p. 122

발전문제 배운 개념 응용하기

1

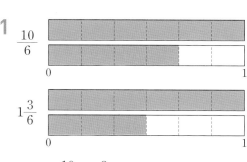

따라서 $\dfrac{10}{6}>1\dfrac{3}{6}$입니다.

2 (1) $\dfrac{5}{4}$는 $\dfrac{1}{4}$이 5개, $\dfrac{7}{4}$은 $\dfrac{1}{4}$이 7개입니다.

따라서 $\dfrac{5}{4}<\dfrac{7}{4}$입니다.

(2) $\dfrac{11}{7}$은 $\dfrac{1}{7}$이 11개, $\dfrac{8}{7}$은 $\dfrac{1}{7}$이 8개입니다.

따라서 $\dfrac{11}{7}>\dfrac{8}{7}$입니다.

3 (1) $1\dfrac{2}{5}<2\dfrac{1}{5}$

자연수 부분의 크기를 비교하면 $1\dfrac{2}{5}$가 $2\dfrac{1}{5}$보다 더 작습니다.

(2) $3\dfrac{4}{7}>2\dfrac{5}{7}$

자연수 부분의 크기를 비교하면 $3\dfrac{4}{7}$가 $2\dfrac{5}{7}$보다 더 큽니다.

(3) $2\dfrac{5}{9}>2\dfrac{4}{9}$

자연수 부분이 같으므로 분자의 크기를 비교하면 $2\dfrac{5}{9}$가 $2\dfrac{4}{9}$보다 더 큽니다.

4 (1) 분모가 같은 가분수는 분자가 클수록 큰 수입니다.

따라서 $\dfrac{11}{8} < \dfrac{15}{8}$입니다.

(2) 자연수의 크기가 다르면 자연수의 크기를 비교합니다.

따라서 $3\dfrac{1}{7} > 2\dfrac{4}{7}$입니다.

(3) 자연수의 크기가 같을 때 분모가 같은 대분수는 분자가 클수록 큰 수입니다.

따라서 $3\dfrac{2}{5} < 3\dfrac{4}{5}$입니다.

(4) 분모가 같은 가분수와 대분수는 가분수 또는 대분수로 같게 나타낸 후 크기를 비교합니다.

따라서 $1\dfrac{3}{4} = \dfrac{7}{4}$이므로 $1\dfrac{3}{4} > \dfrac{5}{4}$입니다.

| 다른 풀이 |

(4) $\dfrac{5}{4} = 1\dfrac{1}{4}$이므로 $1\dfrac{3}{4} > \dfrac{5}{4}$입니다.

5 분모가 같은 진분수와 가분수, 대분수를 비교할 때는 대분수를 가분수로 나타낸 후 비교합니다. 이때 분모가 같은 분수는 분자가 클수록 큰 수입니다.

$1\dfrac{5}{12} = \dfrac{17}{12}$입니다.

따라서 가장 큰 수는 $\mathbf{1\dfrac{5}{12}}$이고 가장 작은 수는 $\dfrac{6}{12}$입니다.

6 $1\dfrac{2}{7} = \dfrac{9}{7}$이므로 $\dfrac{9}{7}$보다 크고 $\dfrac{13}{7}$보다 작은 분수는

$\dfrac{10}{7}$, $\dfrac{12}{7}$입니다.

7 (1) 분모가 같은 가분수는 분자가 클수록 큰 수입니다.

따라서 $\dfrac{15}{9} > \dfrac{11}{9} > \dfrac{9}{9}$입니다.

(2) 분모가 같은 가분수와 대분수는 가분수 또는 대분수로 같게 나타낸 후 크기를 비교합니다.

따라서 $1\dfrac{5}{10} = \dfrac{15}{10}$, $1\dfrac{7}{10} = \dfrac{17}{10}$, $2\dfrac{1}{10} = \dfrac{21}{10}$

이므로 $2\dfrac{1}{10} > 1\dfrac{7}{10} > 1\dfrac{5}{10}$입니다.

(3) 자연수의 크기가 같을 때 분모가 같은 대분수는 분자가 클수록 큰 수입니다.

따라서 $1\dfrac{1}{3} < 1\dfrac{2}{3}$입니다.

자연수의 크기가 다르면 자연수의 크기를 비교합니다. 이때 자연수의 크기가 더 큰 대분수가 더 큽니다.

따라서 $1\dfrac{2}{3} < 2$입니다.

결국 $2 > 1\dfrac{2}{3} > 1\dfrac{1}{3}$입니다.

| 다른 풀이 |

(1) $\dfrac{11}{9} = 1\dfrac{2}{9}$, $\dfrac{15}{9} = 1\dfrac{6}{9}$, $\dfrac{9}{9} = 1$이므로

$\dfrac{15}{9} > \dfrac{11}{9} > \dfrac{9}{9}$입니다.

(3) $1\dfrac{1}{3} = \dfrac{4}{3}$, $1\dfrac{2}{3} = \dfrac{5}{3}$, $2 = \dfrac{6}{3}$이므로

$2 > 1\dfrac{2}{3} > 1\dfrac{1}{3}$입니다.

8 $\dfrac{37}{7} = 5\dfrac{2}{7}$, $\dfrac{37}{4} = 9\dfrac{1}{4}$이므로 $5\dfrac{2}{7} < \square < 9\dfrac{1}{4}$입니다.

따라서 $\square$ 안에 들어갈 수 있는 자연수는 6, 7, 8, 9이고 그 합은 **30**입니다.

9 $\dfrac{55}{6} = 9\dfrac{1}{6}$이고 방울토마토를 한 봉지에 1kg씩 담으므로 모두 **9봉지**를 담을 수 있습니다.

10 $1\dfrac{7}{11} = \dfrac{18}{11}$, $2\dfrac{2}{11} = \dfrac{24}{11}$이므로

$\dfrac{18}{11} < \dfrac{\square}{11} < \dfrac{24}{11}$입니다.

따라서 $\square$는 18보다 크고 24보다 작은 자연수이므로 **19, 20, 21, 22, 23**입니다.

11 $\dfrac{45}{8} = 5\dfrac{5}{8}$이므로 $\square\dfrac{5}{8} < 5\dfrac{5}{8}$입니다.

따라서 $\square$는 5보다 작은 자연수이므로 1, 2, 3, 4이고 그 중에서 가장 큰 수는 **4**입니다.

12 상현 : $25 + 1 = 26$(kg)

서정 : $25\dfrac{2}{3}$(kg)

서진 : $\dfrac{80}{3} = 26\dfrac{2}{3}$(kg)

따라서 몸무게가 가장 무거운 사람은 **서진**이입니다.

단원 총정리

단원평가문제

본문 p. 127

1 16을 4씩 묶으면 4묶음이 되고 1묶음은 4입니다.
12는 12를 똑같이 4묶음으로 나눈 것 중 3묶음이므로 16의 $\frac{3}{4}$입니다.

2 🍓🍓 🍓 🍓 🍓🍓 🍓🍓 🍓🍓
10을 2씩 묶으면 5묶음이 되고 1묶음은 2입니다.
10의 $\frac{3}{5}$은 10을 똑같이 5묶음으로 나눈 것 중의 3묶음이므로 $6(=3\times2)$입니다.

| 다른 풀이 |

10의 $\frac{1}{5}$은 $10\div5=2$입니다.

➡ $\frac{3}{5}$은 $\frac{1}{5}$이 3개입니다.

➡ 10의 $\frac{3}{5}$은 $3\times2=6$입니다.

| 다른 풀이 |

10의 $\frac{3}{5}$은 $(10\div5)\times3=2\times3=6$입니다.

3 12를 4씩 묶으면 3묶음이 되고 1묶음은 4입니다.
12의 $\frac{1}{3}$은 12를 똑같이 3묶음으로 나눈 것 중의 1묶음이므로 $1\times4=4$입니다.
$\frac{2}{3}$는 $\frac{1}{3}$이 2개이므로 12의 $\frac{2}{3}$는 $2\times4=8$입니다.

4 21을 3씩 묶으면 7묶음이 되고 1묶음은 3입니다.
15는 21을 똑같이 7묶음으로 나눈 것 중 5묶음이므로 21의 $\frac{5}{7}$입니다.

5 21의 $\frac{1}{7}$은 $21\div7=3$입니다.

➡ $\frac{4}{7}$는 $\frac{1}{7}$이 4개입니다.

➡ 21의 $\frac{4}{7}$는 $4\times3=12$입니다.

40의 $\frac{1}{10}$은 $40\div10=4$입니다.

➡ $\frac{\square}{10}$는 $\frac{1}{10}$이 □개입니다.

➡ 40의 $\frac{\square}{10}$는 $\square\times4$입니다.

그런데 21의 $\frac{4}{7}$는 40의 $\frac{\square}{10}$과 같으므로

$12=\square\times4$입니다.
따라서 $\square=3$입니다.

6 15를 3씩 묶으면 5묶음이 되고 1묶음은 3입니다.
3은 15를 똑같이 5묶음으로 나눈 것 중의 1묶음이므로 3은 15의 $\frac{1}{5}$입니다.

7 1m는 100cm이므로 하랑이의 키는 120cm입니다.
120을 20씩 묶으면 6묶음이 되고 1묶음은 20입니다.
120의 $\frac{5}{6}$는 120을 똑같이 6묶음으로 나눈 것 중의 5묶음이므로 $100(=5\times20)$cm입니다.

| 다른 풀이 |

120의 $\frac{1}{6}$은 $120\div6=20$입니다.

➡ $\frac{5}{6}$는 $\frac{1}{6}$이 5개입니다.

➡ 120의 $\frac{5}{6}$는 $5\times20=100$입니다.

| 다른 풀이 |

120의 $\frac{5}{6}$는 $(120\div6)\times5=20\times5=100$입니다.

8 63의 $\frac{6}{9}$는 $(63\div9)\times6=7\times6=42$입니다.
송편 63개 중에서 42개를 이웃들에게 나누어주었으므로 남은 송편은 모두 $63-42=21$개입니다.

9 하루는 24시간입니다.
독서 : 24의 $\frac{1}{12}$은 $24\div12=2$시간입니다.

운동 : 24의 $\frac{3}{24}$은 $(24 \div 24) \times 3 = 3$시간입니다.

공부 : 24의 $\frac{1}{6}$은 $24 \div 6 = 4$시간입니다.

따라서 가장 오래 하는 활동은 공부이고 그 시간은 4시간입니다.

---

10 상자 안에 들어있는 사탕의 개수를 $\square$라 하면 $\square$의 $\frac{1}{7}$은 4입니다.

따라서 $\square \div 7 = 4$이므로 $\square = 28$입니다.

---

11 어떤 끈의 길이를 $\square$ m라 하면 $\square$의 $\frac{1}{3}$이 12입니다.

이때 $\square \div 3 = 12$이므로 $\square = 36$입니다.

따라서 36의 $\frac{3}{4}$은 $(36 \div 4) \times 3 = 9 \times 3 = 27$ m입니다.

---

12 • 9는 ㉠의 $\frac{3}{7}$입니다.

$9 = (㉠ \div 7) \times 3$에서 $㉠ \div 7 = 3$이므로 $㉠ = 21$입니다.

• ㉡은 15의 $\frac{3}{5}$입니다.

$㉡ = (15 \div 5) \times 3 = 3 \times 3 = 9$입니다.

따라서 ㉠과 ㉡의 합은 $21 + 9 = 30$입니다.

---

13 진분수는 분자가 분모보다 작은 분수이므로 $\frac{11}{17}$, $\frac{99}{100}$입니다.

가분수는 분자가 분모와 같거나 분모보다 큰 분수이므로 $\frac{13}{13}$, $\frac{10}{8}$입니다.

자연수는 2022입니다.

대분수는 자연수와 진분수로 이루어져 있으므로 $1\frac{7}{10}$, $24\frac{2}{9}$입니다.

---

14 가분수는 분자가 분모와 같거나 분모보다 큰 분수입니다.

분모와 분자의 합이 14인 가분수는 다음과 같은 경우가 있습니다.

분자	13	12	11	10	9	8	7
분모	1	2	3	4	5	6	7

이때 분모와 분자의 차가 4인 가분수는 $\frac{9}{5}$입니다.

이 가분수 $\frac{9}{5}$를 대분수로 나타내면 다음과 같습니다.

$\frac{9}{5} = \frac{5}{5} + \frac{4}{5} = 1 + \frac{4}{5} = 1\frac{4}{5}$입니다.

| 다른 풀이 |

9를 5로 나누면 몫은 1이고 나머지는 4입니다.

➡ $9 \div 5 = 1 \cdots 4$

➡ $9 \div 5 = \frac{9}{5} = 1\frac{4}{5}$

---

15 $4\frac{2}{3}$는 $\frac{1}{3}$이 모두 14개이므로 $4\frac{2}{3} = \frac{14}{3}$입니다.

이때 $\frac{14}{3} < \frac{15}{3}$이므로 철수네 집에서 더 먼 곳은 도서관입니다.

| 다른 풀이 |

$4\frac{2}{3} = \frac{4 \times 3 + 2}{3} = \frac{14}{3}$

---

16 $\frac{9}{4} = \frac{8}{4} + \frac{1}{4} = 2 + \frac{1}{4} = 2\frac{1}{4}$

$\frac{27}{4} = \frac{24}{4} + \frac{3}{4} = 6 + \frac{3}{4} = 6\frac{3}{4}$

이때 $\square$는 $\frac{9}{4}$보다 크고 $\frac{27}{4}$보다 작으므로

$2\frac{1}{4} < \square < 6\frac{3}{4}$입니다.

따라서 $\square$ 안에 들어갈 수 있는 자연수는 3, 4, 5, 6이므로 그 합은 18입니다.

| 다른 풀이 |

27을 4로 나누면 몫은 6이고 나머지는 3입니다.

➡ $27 \div 4 = 6 \cdots 3$

➡ $27 \div 4 = \frac{27}{4} = 6\frac{3}{4}$

---

17 $\frac{23}{9} = \frac{18}{9} + \frac{5}{9} = 2 + \frac{5}{9} = 2\frac{5}{9}$이므로 $\square = 5$입니다.

| 다른 풀이 |

23을 9로 나누면 몫은 2이고 나머지는 5입니다.

➡ $23 \div 9 = 2 \cdots 5$

➡ $23 \div 9 = \dfrac{23}{9} = 2\dfrac{5}{9}$

| 다른 풀이 |

$2\dfrac{\square}{9} = \dfrac{2 \times 9 + \square}{9} = \dfrac{18 + \square}{9} = \dfrac{23}{9}$이므로

$18 + \square = 23$입니다.

따라서 $\square = 5$입니다.

18 $3\dfrac{1}{3} = \dfrac{3 \times 3 + 1}{3} = \dfrac{10}{3}$

$4\dfrac{2}{3} = \dfrac{4 \times 3 + 2}{3} = \dfrac{14}{3}$

$6\dfrac{1}{3} = \dfrac{6 \times 3 + 1}{3} = \dfrac{19}{3}$

$5\dfrac{1}{3} = \dfrac{5 \times 3 + 1}{3} = \dfrac{16}{3}$

따라서 분수 중에서 $3\dfrac{1}{3}\left(=\dfrac{10}{3}\right)$보다 크고 $\dfrac{17}{3}$보다 작은 분수는 $4\dfrac{2}{3}$, $5\dfrac{1}{3}$, $\dfrac{11}{3}$이므로 **3**개입니다.

19 분수는 분모가 작을수록 커집니다.

세 수 2, 3, 4 중에서 가장 작은 수가 2이므로 2를 분모로 할 때 가분수는 가장 커집니다.

따라서 가장 큰 가분수는 $\dfrac{\bigcirc\bigcirc}{2}$ 꼴입니다.

분수는 분자가 클수록 커집니다.

남아 있는 두 수 3, 4로 만들 수 있는 두 자리 수는 34와 43이고 이때 큰 수는 43입니다.

따라서 만들 수 있는 가장 큰 가분수는 $\dfrac{43}{2}$입니다.

$\dfrac{43}{2}$에서 $\dfrac{42}{2} = 21$이므로 $\dfrac{43}{2} = 21\dfrac{1}{2}$입니다.

| 다른 풀이 |

43을 2로 나누면 몫은 21이고 나머지는 1입니다.

➡ $43 \div 2 = 21 \cdots 1$

➡ $43 \div 2 = \dfrac{43}{2} = 21\dfrac{1}{2}$

| 다른 풀이 |

$$\begin{array}{r} 2\,1 \\ 2\,)\overline{4\,3} \\ \underline{4\,2} \\ 1 \end{array} \quad \Rightarrow \quad \dfrac{43}{2} = 21\dfrac{1}{2}$$

20 $\dfrac{38}{6} = \dfrac{36}{6} + \dfrac{2}{6} = 6 + \dfrac{2}{6} = 6\dfrac{2}{6}$

$\dfrac{39}{4} = \dfrac{36}{4} + \dfrac{3}{4} = 9 + \dfrac{3}{4} = 9\dfrac{3}{4}$

이므로 $6\dfrac{2}{6} < \square < 9\dfrac{3}{4}$입니다.

따라서 $\square$ 안에 들어갈 수 있는 자연수는 7, 8, 9이고 그 합은 **24**입니다.

21 300의 $\dfrac{4}{10}$는 $(300 \div 10) \times 4 = 30 \times 4 = 120$입니다.

270의 $\dfrac{3}{9}$은 $(270 \div 9) \times 3 = 30 \times 3 = 90$입니다.

따라서 더 많이 읽은 학생은 **철수**입니다.

22 4장의 숫자 카드로 만들 수 있는 대분수는 $10\dfrac{4}{9}$, $10\dfrac{1}{9}$, $10\dfrac{1}{4}$, $9\dfrac{4}{10}$, $9\dfrac{1}{10}$, $9\dfrac{1}{4}$, $\cdots$ 등이 있습니다.

이 중에서 $10\dfrac{1}{9} = \dfrac{10 \times 9 + 1}{9} = \dfrac{91}{9}$의 분모와 분자의 합이 100입니다.

23 $1\dfrac{7}{8} = \dfrac{1 \times 8 + 7}{8} = \dfrac{15}{8}$

$1\dfrac{5}{8} = \dfrac{1 \times 8 + 5}{8} = \dfrac{13}{8}$

따라서 길이가 짧은 빨대부터 순서대로 쓰면 **노란 빨대, 파란 빨대, 빨간 빨대**입니다.

MEMO

MEMO

MEMO

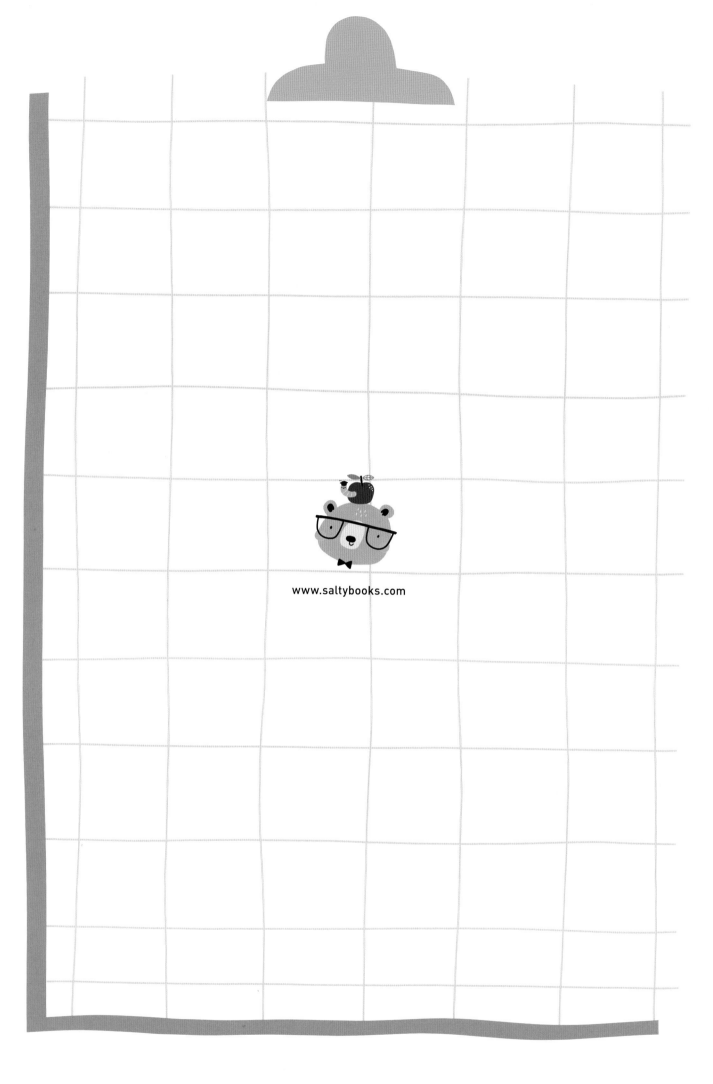

Practice makes perfect!

Better late than never!